Make up Art

Design

CHUNG-KU Publisher

PREFACE

최근 외모관리에 대한 관심이 높아지고 메이크업의 제도권교육이 확산됨에 따라, 전공과 관련된 이론 및 실기서들이 다수 출판되고 있다. 많은 분들의 이러한 노력들은 메이크업분야가 체계적인 학문으로 자리매김하는데 큰 역할을 하리라 기대된다.

이 책은 메이크업문화사, 색채론, 메이크업의 기본요소 등 메이크업분야에서 알아야할 기초 이론과 각 테마별 메이크업, 그리고 아트메이크업과 분장, 바디페인팅의 실기부분으로 구성되어 있다.

메이크업문화사에서는 서양화장문화사를 비롯해 부족하나마 우리나라의 화장문화사를 다루었고, 색채론에서는 그동안 알고 있는 기초적인 색채에서 벗어나 퍼스널컬러에 의한 다양한 메이크업 색채론을 제시하였다.

실기부분에서는 뷰티메이크업을 중심으로 체계적인 시술과정과 섀도우 기법 등을 제시해 초보자들도 누구나 쉽게 따라할 수 있게 하였으며, 아트메이크업을 비롯해 분장, 바디페인팅은 참고 자료를 인용하지 않고 이해를 돕고자 가능한 학생들과 함께 직접 시술하여 촬영하였으며, 그에 대한 작업방법 위주로 기술하고자 노력하였다.

작업에 참여해준 학생들에게 고마움을 전하며, 제품을 제시할 수 있도록 허락해 준 맥(MAC)과 메이크업포에버 외 제품 관계자들께도 깊은 감사를 드린다.

긴 시간동안 하루도 쉴 틈 없이 밤잠을 설쳐가며 연구하고, 익숙치 않은 포토샵을 하루하루 배워가며 그림을 그렸지만 지나고나니 많은 아쉬움이 남는다. 이러한 점들은 여러분들의 지도편달을 받아 보완해 나갈 것을 다짐하며 각별한 관심과 성원을 기대한다. 부디 이 작은 책자가 메이크업을 공부하는 학생들과 아티스트에게 다소라도 도움이 되기를 바라며, 이 책이 출판되기까지 많은 격려와 도움을 주신 청구문화사의 이상태 사장님과 편집부 직원 여러분께 깊은 감사를 드린다.

2011년 2월
저자 이진용

CONTENTS

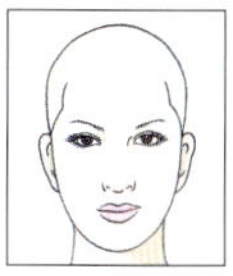

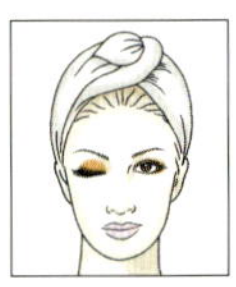

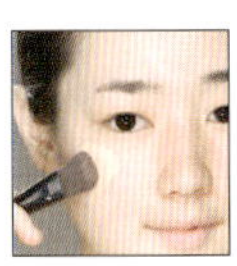

제 1 장

메이크업 문화사

제 1 장 메이크업 문화사

1. 메이크업(Make up)의 정의

메이크업이란 색조화장품을 이용하여 신체, 특히 얼굴의 아름다운 부분은 돋보이도록 하고 결점이나 아름답지 못한 부분은 수정하거나 보완하는 행위를 말한다. 넓은 뜻으로는 바디페인팅, 발치, 문신 등을 포함하는 장신(裝身)행위를 말하기도 하지만 일반적으로 얼굴에 국한시켜 지칭되어진다. 즉, 얼굴의 피부색을 변화시켜 준다거나 음영을 만들어 입체감을 나타내기도 하고, 얼굴의 일부분에 색채적인 강조를 함으로써 얼굴의 결점을 보완하고 아름다운 얼굴을 만드는 것이다.

영어로 메이크업(make up)은 페인팅(Painting), 토일렛(Toilet), 드레싱(Dressing) 또는 프랑스어로 '마뀌아쥬'(Maquillage)등으로 표현한다. 그러나 현재 우리가 보통 메이크업이라고 하는 화장 형태의 호칭은 미국의 헐리우드 전성기 때로부터 기인하는데, 17세기 초 영국의 시인 리챠드 크랏슈가 여성의 매력을 높여 주는 화장을 뜻하는 용어로 처음 사용하였다. 그러나 이보다 앞선 16C 세익스피어의 희곡 속에 '페인팅(Painting)'이라는 용어가 등장하였다.

메이크업이란 사전적 의미로는 '완성시키다, 보완하다'라는 의미를 가지고 있으며, 이는 결점을 커버하고 더욱 아름답게 보이고자 표현하는 것이다. 따라서 미를 창출하는 행위로써 자신의 신체나 그 일부분을 아름답게 수정하거나 가꿈으로써 단점을 보완하고 장점을 부각시키는 것이다. 현대에 이르러 메이크업은 주제에 따라 여러 기법으로 재료 등에 구속받지 않고 인간의 육체에 새로움을 추구하여 인체를 디자인한다는 뜻으로 그 방법이 다양하여 눈, 코, 입의 형태뿐만 아니라 새로운 시점에서 내적 정신과 외적 감각으로 창조하는 것으로 정의하고 있다.

즉 메이크업은 'total look'의 한 부분으로 매우 중요하며, 개개인의 개성을 살리고 나타내고 싶지 않은 부분은 감춤으로써 전체적인 외모를 아름답게 유지하는 것이라 볼 수 있다.

■ 신체장식의 범위

일시적	페이스페인팅, 메이크업, 헤어, 네일아트, 분장, 바디페인팅 등
영구적	문신, 치흑, 변형, 상흔 등

1) 문신

현재의 문신은 연예인들의 개성연출이나 패션의 소품으로 사용되는 등 개인의 개성에 따라 시술되고 있다. 문신의 풍습은 이미 원시시대부터 있었는데, BC 2000년경의 이집트의 미라와세티 1세의 무덤에서 나온 인형(人形)에 이것이 나타나 있다.

일반적으로 미개민족이 문신을 하는 것은 성년식(成年式)을 행할 때이다. 이는 생물학적 존재에 불과한 인간이 사회학적인 존재, 즉 씨족이나 부족의 일원으로 다시 태어나는 표시에 해당하며, 할례(割禮), 발치(拔齒)등의 신체변공(身體變工)과 복합적으로 행해지는 경우가 많다. 그러나 문신은 주술종교적인 의례이기도 하고, 장식으로써 미학적(美學的) 의미도 지닌다.

그 밖에도 계급을 나타내는 것과 액땜을 위한 것, 또 결혼이나 출산(出産) 때 호적(戶籍) 대신에 행하는 수도 있다.

2) 치흑

과거 일본에서 행해졌던 영구적인 장식 행위로 철장이라는 안료를 사용하여 치아를 영구적으로 검게 물들이는 것을 말한다. 일본을 개항시킨 페리제독이 일본을 '검은 치아의 나라'로 규정한 것만 보아도 이 풍습이 얼마나 광범위하게 퍼져있었는지 알 수 있다. 이러한 풍습은 기생들에게도 받아들여져 첫 손님을 맞기 전에 정해진 절차에 따라 치아를 검게 물들였다고 한다.

도쿠가와시대 그려진 그림 중 치아시술 장면을 보면 기혼여성의 표시 혹은 일류기생의 미적 상징으로 이를 검게 칠하고 있는 그림이 등장한다. 일본속담에 치흑은 영원불멸이며 부부화합을 뜻한다고 하여 신부는 신랑 집에 가기 전에 치흑 염색을 받는 예식을 거쳐야 한다. 이 치흑의 진정한 의미는 남편에게 영원한 순종과 충성을 맹세한다는 것이다. 물감은 주로 탄닌 제2철이고 칠하는 도구는 작은 나뭇가지 끝을 압박하거나 가닥을 잘게 부수어 붓처럼 만들어 치아에 칠하였고 부유층은 꿩이나 원앙깃털로 만든 솔을 사용하였다. 대부분 성인 여성에게 행해졌으며, 메이지 유신 이후 점차 행해지지 않았다.

3) 변형

본래의 신체 형태에서 물리적 힘을 가하여 다른 형태로 만드는 것을 말한다. 두개골 늘이기, 중국의 전족, 목에 고리를 끼워 신장시키는 행위, 입술에 원반을 끼워 다른 형태로 만드는 등 과거 많은 문화권에서 행해지기도 하였지만 현대에서는 의학기술의 발달로 신체를 이상적인 형태로 만들기 위한 성형 수술로 신체를 변형하고 있다.

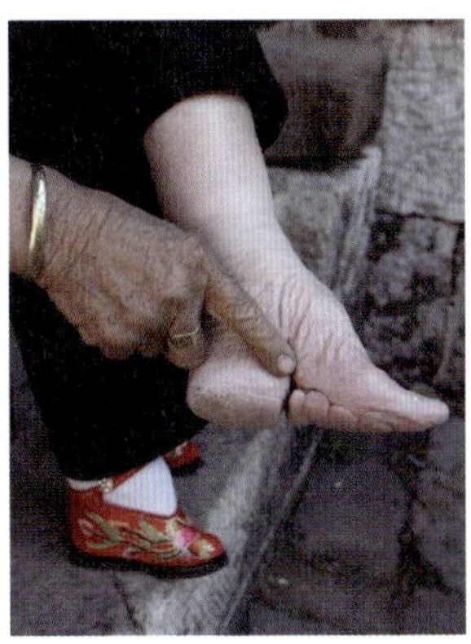
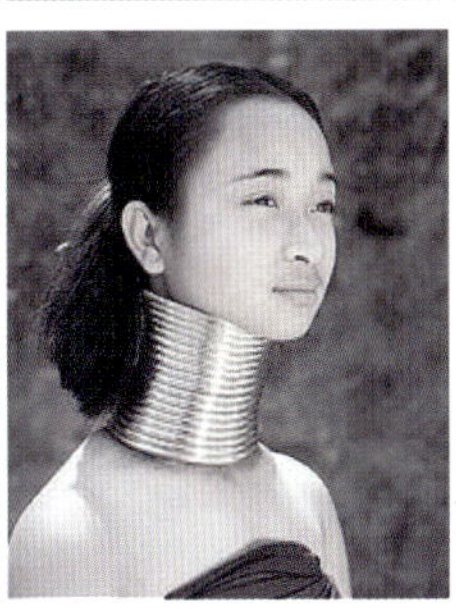

4) 상흔

신체에 상처를 내고 독소 등을 주입하여 입체적인 문양을 만드는 것을 말한다. 주로 피부 색이 검어 문신이 적합지 않은 인종에게서 많이 행해진 영구적인 신체장식의 하나로 보여 진다.

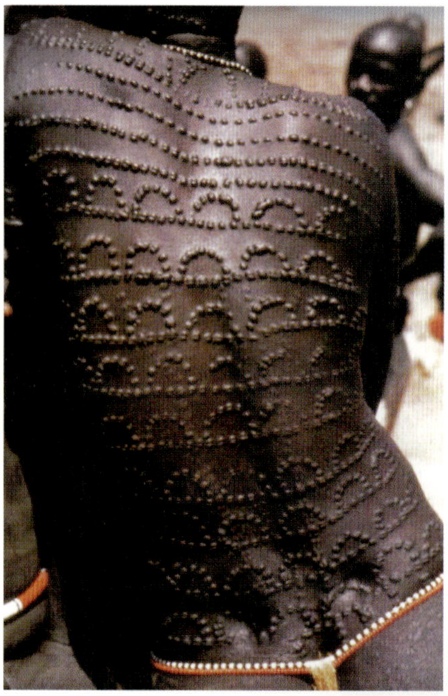

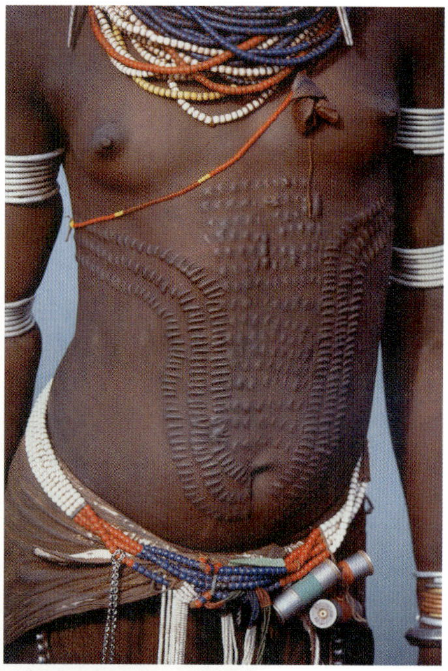

2. 메이크업의 기원

인류가 오랜 시간의 진화를 거쳐 지구상에 나타난 것은 약 200만년 전 부터라고 한다. 이 때에 사람들은 옷을 입지 않은 채로 지내왔는데 그 이유는 사람에게도 다른 동물들처럼 온 몸에 털이 나있어 추위나 그 밖의 자연물로부터 보호되었기 때문이었다.

인류가 생활을 시작한 이래 사람들은 타인을 관찰하고 그들의 모습과 습관에 미적 가치를 부여했고, 다른 사람에게 좀 더 아름답게 보이려고 노력하고 타인들에게 미의 위엄성을 과시하려 하였다. 원시 형태의 화장은 원시인들이 계급과 신분을 나타내기 위해 여러 가지 장식물을 매달거나 꿰매고 여러 가지 색상을 문양에 따라 칠한 것으로 볼 수 있다. 또한 씨족, 부족끼리 또는 승자와 패배자, 지배자를 나타내기 위해 다르게 장식하였고 자신을 보호하기 위한 수단으로 신체에 부착하거나 채색하여 위장하였다. 또한 메이크업은 식욕, 성욕과 아울러 인간의 3대 본능으로 태고 적부터 가지고 있었다. 따라서 화장의 기원은 인류의 역사와 더불어 시작되어 발전, 변천하여 오늘날에 이르고 있다.

메이크업의 역사는 알타미라 동굴벽화나 회화의 역사보다 길다. 그러나 메이크업의 역사나 이에 대한 연구는 그다지 충분하지 않은 편이다. 메이크업의 기원은 보호설, 장식설, 신분표시설, 종교설 등 여러 가지로 설명된다. 메이크업의 기원을 어느 한 가지 설로만 설명하기 어려우며, 한 사회의 지배적인 문화에 따라 그 동기를 달리했을 것으로 본다.

이러한 여러 가지 신체채색과 문신 등은 의복문화가 발달되어 신체가 가리워지면서 차츰 사라지게 되었다. 그리고 신체의 노출되는 부분 중에서 가장 눈에 띄게 되는 얼굴부분에 더욱 집중적으로 색조 화장 문화를 형성하게 되었다.

1) 보호설

신체를 곤충이나 동물, 적으로부터 또는 기후로부터 몸을 보호하기 위해 주변에서 얻을 수 있는 흙이나 재, 돌가루, 자연염료 등과 새의 깃털, 나뭇잎 등을 이용하여 신체를 위장하고 보호하기 시작되었다는 학설이다. 인간이 자기 자신을 어떤 종류의 위험으로부터 심리적, 물리적으로 자신을 보호하기 위한 수단으로 메이크업을 하였다는 견해에서 나온 설이다. 예를 들면 이집트에서 여인들이 아이라인을 짙게 그리고 눈에 코울로 짙게 화장한 것은 바람이나 모래, 곤충, 태양 빛으로부터 눈을 보호하기 위한 것이었다. 또한 1800년대의 여인이 백납 분을 사용한 이유가 가스등이나 촛불의 그을음으로부터 피부의 산화를 방지하기 위한 것임과 아울러 한낮의 태양으로부터 흰 피부를 보호하기 위한 것이었다.

2) 장식설

아름다워 보이고자 하는 욕망은 인간의 기본적 본능중의 하나로 메이크업 활동의 기본개념으로, 옷을 입기 시작하기 이전의 원시시대에는 나체 상태에서 피부에 직접 회화, 조각, 문신을 새겨 자신의 우월성을 표현하였는데 이러한 형태가 오늘날의 메이크업의 기본이 되었다는 견해다.

의복 문화 발달이전에는 전신을 중심으로 색채를 사용하다가 의복문화가 발달하면서 노출부위 중 가장 눈에 띄는 얼굴을 중심으로 더욱 입체적이고 기교적인 색조 화장이 이루어지게 되었다.

3) 신분표시설

신분표시설은 계급, 신분, 부족, 남녀 성별의 구별을 위하여 신체 채색에서 메이크업이 시작되었다는 견해이다. 아프리카 부족들 사이에 행해지는 특이한 장식으로 문신, 귀걸이, 코걸이, 팔찌 등 부족의 신분이나 다른 종족과의 구별을 위하여 행해졌던 것을 볼 수 있다.

특히 통치자는 자신의 위엄과 절대적인 권위의 상징을 갖추기 위해 얼굴이나 신체의 일부를 여러 가지 색료로 채색과 장식을 하였다.

4) 종교설

인간은 자연과 보이지 않는 초자연적인 힘에 불안을 느끼는 존재로서 이러한 심리적인 불안으로부터 해방되기 위하여 원시종교가 생겨나게 되었다. 이는 사냥, 다산, 질병, 재앙으로부터 보호와 복을 기원하는 의식으로 메이크업이 시작되었다는 설이다. 주술적, 종교적인 행위로 몸에 채색을 하거나 향나무 잎의 즙을 몸에 바르고 제단에 향을 피웠다. 즉 목욕 제게 후 향과 색료로 채색을 하였던 것은 위엄과 고결함, 신성함을 상징하기 위함이었다.

이러한 여러 가설들은 어떤 시각에서 보든 간에 메이크업의 유래가 오래 되었음을 입증하고 있다.

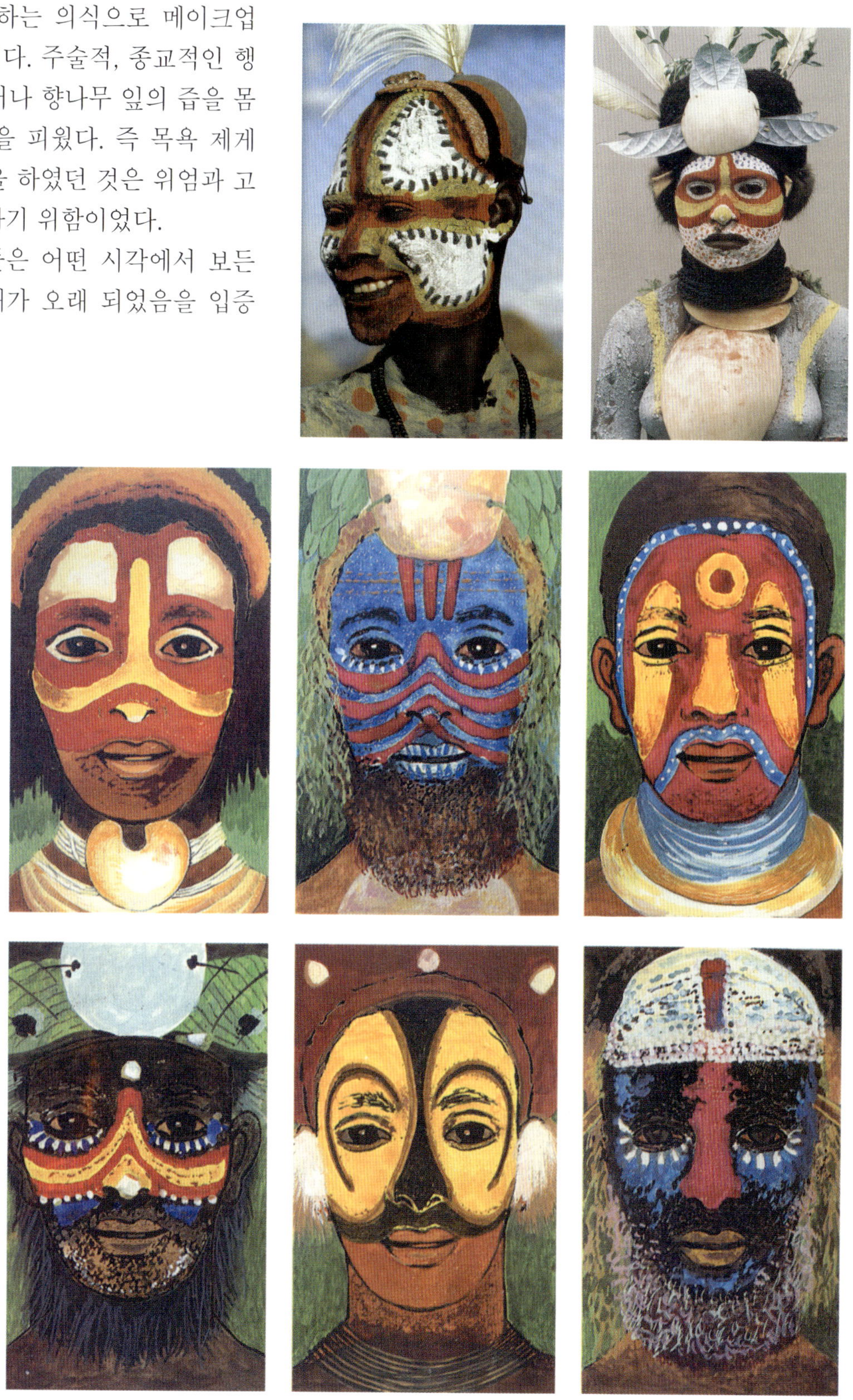

3. 메이크업의 역사

1) 원시메이크업

지위와 종교적인 의식에 의하여 행해졌던 원시시대의 메이크업은 주로 먹과 같은 검정색 물질을 사용한 문신으로, 이는 신체 손상의 풍습과 기호, 부족계급과 소속집단의 표시, 용기와 재력의 과시 그리고 남존여비 등 여러 가지 목적으로 사용되어진 경우가 많다.

고대의 사람들은 흙이나 열매를 이용하여 몸에 색칠을 하기도 하였고 검댕 이를 칠하기도 하였다. 그러다가 사람은 자연물에서 붉은 색을 찾아내어 적색을 선호하게 되었다. 남녀를 막론하고 고대인들은 붉은 색을 몸에 칠하였다. 그런데 몸과 얼굴에 바르는 붉은 색은 단지 그 색상의 느낌이 아름답고 정열적이기 때문만은 아니었다.

옛날 사람들은 붉은 색을 마귀를 쫓는 색으로 여겨 사람을 병과 음기로부터 보호하는 색으로 붉은 색을 택했던 것이다. 또한 신을 받드는 색상으로도 여겨져 붉은 색은 주술의 의미가 가장 강하였다. 그러다가 차차 주술적인 의미보다는 신체 색과 조화되는 빨강의 아름다움을 선택했던 것이다.

이처럼 원시시대의 메이크업은 페인팅에 가까운 채색과 문신이 지배적이었으며, 이는 장식적인 의미보다는 종족과 계급 및 주술적이고 원시적인 종교신앙에서 비롯되어졌음을 알 수 있다.

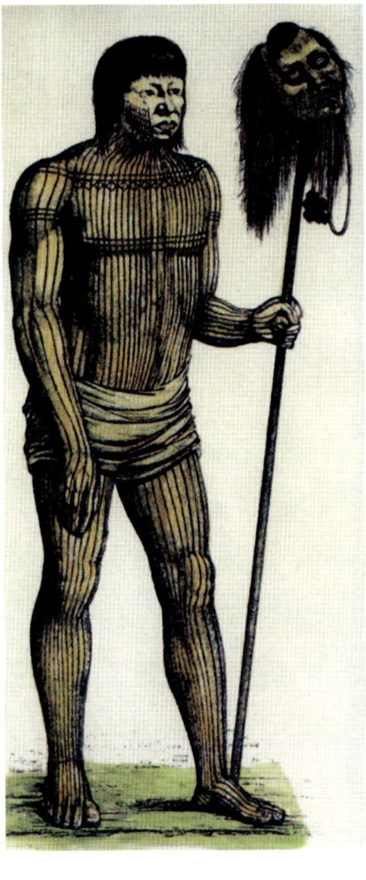

2) 메이크업의 역사(한국)

지리적으로 중국에 인접해 있는 한국은 화장품의 제조나 그 원료, 일부 화장법이 중국에서 전파되었거나 영향을 받은 것으로 보여 진다. 그러나 문화, 국민정서, 이념 등의 차이로 고대로부터 조선에 이르기까지 여성들의 일반적인 색조화장은 얼굴에 분을 바르는 피부화장, 눈썹을 정리하여 그리는 눈썹화장, 볼에 생기를 주기 위하여 연지를 바르는 볼 화장, 입술 연지 화장이었다.

(1) 고대의 메이크업

북방에 거주했던 읍루인[婁人]들이 겨울에 돼지기름을 바른 것은 동상 예방 등 피부의 연화(軟化)를 목적으로 한 것이고(돼지기름은 동상 · 해 그을음 · 눈 그을음의 예방 및 피부의 연화작용이 뛰어나 유럽에서도 크림의 원료로 오랜 기간 이용하였다), 남방에 거주한 변한인(弁韓人)들이 새긴 문신(文身)도 원시치장의 한 형태이다. 또한 선사시대의 조개더미[貝塚]에서 가공한 조개껍데기, 짐승의 어금니, 미석(美石) 등이 발견되었는데, 이것들도 원시 장신구로써 목걸이 · 팔찌 · 가락지로 이용되었다.

단군신화에도 원시화장의 흔적이 엿보인다. 인간이 되고자 하는 곰[熊族]과 호랑이[虎族]에게 쑥과 마늘을 먹고 100일 동안 햇빛을 기휘(忌諱)하도록 한 것은 고대사회의 지배층이 흰 사람(백색피부 : 지금도 흰 피부인 사람을 귀하게 여기는 관습이 남아 있으며, 알타이 계통의 최초 인간은 흰 사람이라는 신화가 있다)이었으므로, 흰 피부로 변신하기 위한 주술(呪術)이라 해석된다. 쑥과 마늘이 미백(美白) 효과가 우수한 미용재료임을 감안한다면 고대의 한국인들이 겨울에 피부를 보호할 줄 알았고, 계급과 신분에 따라 치장을 달리 하였으며, 돌, 조개껍데기, 짐승의 뼈로 장신구를 만들어 패용하면서 흰 피부로 가꾸기도 했다.

(2) 삼국시대

삼국시대부터는 당시의 화장과 화장품을 살필 만한 기록과 유물이 뚜렷한 편인데, 예를 들면 고구려의 고분 벽화가 그중의 하나이다. 수산리와 쌍영총 고분 벽화에서 고구려인의 화장을 추출하면, 수산리 벽화의 주인공은 귀부인이고, 쌍영총 벽화의 주인공은 여관(女官) 또는 시녀로 보이는데도 모두 머리를 곱게 빗고, 눈썹을 짧고 뭉툭하게 다듬었으며, 뺨에 연지화장을 하고 있다.

또한 무인(舞人)들은 머리카락을 뒤로 틀고 연지를 이마에 바르고 금당(金)으로 머리를 꾸몄으니(《三國史記》志一樂) 신분 · 빈부의 구별이 없이 치장에 열중하였음을 알 수 있다.

백제인들의 화장에 대해서는 구체적인 기록이 없으나 일본측 사서(史書) 및 <삼재도회(三才圖會)>에 일본이 백제로부터 화장품 제조기술과 화장법을 배워 갔다는 기록이 있는 것으로 미루어, 진보된 화장기술을 보유하고 있었음이 분명하다. 또한 백제인들이 엷은 화장을 하였다는 기록이 있는데, 이것은 고도의 화장기술의 표현이라고 추측할 수 있다. 이와는 달리 신라는 백제 · 고구려보다 다소 늦게 문화를 발전시켰으면서도 화장면에서는 두 나라보다 앞섰다.

신라인들은 아름다운 육체에 아름다운 정신이 깃든다는 영육일치사상(靈肉一致思想)에서 남성인 화랑(花郞)들도 여성들 못지않은 화장을 하고, 귀고리 · 가락지 · 팔찌 · 목걸이 등 갖가지 장신구로 장식을 하였다. 뿐만 아니라 귀천에 관계없이 여성들이 향낭(香囊)을 차고, 귓불을 뚫어 귀고리를 달고, 장도(粧刀)를 지녔다. 또한 잇꽃으로 연지를 만들어 이마와 뺨 · 입술에 바르고, 백분(白粉) 외에 산단(山丹:백합꽃의 붉은 수술)으로 색분(色粉)을 만들어 사용하였다.

특히 692년에 한 승려가 일본에서 연분(鉛粉)을 만들어 주고 상을 받은 일이 있는데 이는 당시 신라의 화장품 제조기술이 일본보다 앞섰다는 사실을 의미하기도 하지만, 7세기경에 신라에서 이미 연분을 만들었다는 것은 세계화장품 발달사에 유례없는 대 발명이었다.

신라를 비롯하여 고구려 · 백제에 4~6세기경 불교가 전래되어 널리 신봉됨으로써 청정 · 청결이 강조되고 목욕이 대중화되었다. 목욕의 대중화는 목욕용품의 발달을 촉진시켰는데, 쌀겨 목욕으로 피부미용이 향상되었다. 그러나 서민층에서는 팥 · 녹두 · 콩껍질 등으로 만든 원시비누, 즉 조두(豆)를 사용한 결과 날 비린내가 몸에 배어, 이를 가시게 하기 위하여 향수 · 향료를 애용하게 되었다. 그런데 중국측 기록(《新唐書》)에 신라 여성들이 화장을 하지 않고, 눈썹 그리기를 즐기지 않았으며, 김유신(金庾信)의 누이동생이 엷은 화장을 하고 있었다(《삼국유사》)는 기록이 있는데, 이는 앞서 설명과 어긋나는 것으로 인식하기 쉬우나, 고구려 · 백제 · 신라 3국의 여성들이 불교의 영향으로 엷은 화장을 했으며, 평면화장에 그쳤던 사실을 전하는 것이다.

(3) 통일신라시대

통일신라는 고대의 정치문화가 통합된 시기이다. 당과의 친교표방으로 당으로부터 선진문물을 수용하여 국제적 성격의 문화색채를 띈 시기이다. 통일신라에 이르러 문무왕대에 "부녀의 복식제도를 당과 동일하게 하라"는 교지가 내린 뒤, 의상과 함께 중국 여인들의 짙은 색조화장이 도입되어 전대에 비하여 화장이 화려해 졌다. 당문화의 영향으로 분, 연지, 미묵을 사용한 화려한 색조화장경향을 띄였으며, 한국여성의 색조화장 부흥기라 할 수 있다.

모든 문물에 있어 당의 영향을 받기는 하였으나 당시 당이나 일본에서 유행하였던 홍화장이나 화전, 면엽과 같은 당대의 다양한 기교적인 화장의 흔적은 찾아볼 수 없다. 다만 얼굴을 희게 하고 입술에 연지를 바르는 풍속은 통일신라시대에 보편화되었다고 보여 진다.

(4) 고려시대

고려시대는 불교적 문화와 유교적 문화가 동시에 발전하였으며 귀족문화가 발전하였다. 분, 연지, 미묵을 사용한 화려한 색조화장이 이루어졌으나 반가의 은은한 화장과 기녀 층의 화려한 색조화장문화로 구분되는 색조화장의 이원화시기로 볼 수 있다.

고려시대 눈썹화장의 한 기법으로 버들형의 눈썹이 성행하였다고 하는데 넓은 곡선을 이루는 모습이었을 것으로, 당대에 크게 유행하였던 낙엽형의 넓은 눈썹 형태와 유사하였을 것이라고 추측된다. 그러나 화려한 분대화장에서는 원래의 눈썹을 뽑아 가늘게 가다듬은 뒤에 다시 또렷하게 그려주는 눈썹화장을 즐겨 했다.

고려시대 초에 제도화된 기생(妓生) 중심으로 짙은 화장, 즉 분대화장(粉黛化粧)은 반지르한 머리, 눈썹과 연지화장 외에 백분을 많이 펴 바른 것으로써 당시로서는 매우 짙은 화장이었는데, 기생을 분대라고 부를 만큼 기생의 상징적인 치장이었다.

분대화장 역시 평면화장에 지나지 않았지만, 기생들의 직업적인 의식화장이 조선시대에까지 계승되고 여염집 여성들은 엷은 화장을 고수하여 고려시대부터 화장경향이 2원화되고, 기생들의 분대화장으로 인하여 화장을 경멸하는 풍조가 생겨나기도 했다.

이처럼 기생들의 분대화장은 화장에 대한 기피성향, 경멸감을 발생시킨 반면에 화장의 보급과 화장품 발전에 기여하기도 하였다. 그것은 기생양성소인 교방(敎坊)에서 기생들에게 화장법을 가르치고, 이들이 사용할 화장품을 지급하였기 때문이다.

또한 고려시대에는 면약이 널리 사용되었는데 면약이란 손과 얼굴을 부드럽게 하고 희게 하기 위한 피부 보호제 겸 미백제였으며, 요즈음의 영양크림과 밀크로션의 중간 상태로 여자 외에 남자들도 항시 사용한 안면용 화장품이다.

(5) 조선시대

성리학적 사고로 유교적 정치이념이 주류를 이루었으며, 양란이후 가부장 중심의 사회적 모순이 표출된 시기이다. 색조 화장문화가 침체되었으며 기녀층의 짙은 화장과 일반부녀의 담장의 이원화 경향이 심화되었고 피부관리를 위한 기초화장에 주력한 시기이다.

조선시대의 일반부녀는 자연스러운 피부색을 표현하려 하였는데, 당시의 풍속에 대한 기록 가운에 '분바른 낯은 불그레하고 희어서 발에 얼비치었다.'는 내용으로 보아 반드시 백분만을 사용하였던 것은 아니고 피부색과 비슷한 복숭아색도 즐겨 발랐다는 것을 짐작할 수 있다.

한국에서는 백분 외에도 산단으로 색분을 만들어 사용하였는데 산단 원래의 색으로 보아 붉은 색이 도는 분이었을 것이다. 한국에서는 연분이 제조되기 전에 종래의 백분, 쌀, 서속 등 곡식의 분말 혹은 분꽃씨의 분말, 조개껍데기를 태워 빻은 분말, 백토, 활석의 가루, 칡을 말린 가루로도 분을 만들어 사용하였다.

그러나 대부분의 분의 원료는 주로 쌀가루였다. 그러나 쌀가루로 만든 백분은 부착력이 나빠서 얼굴의 솜털을 제거하여 피부를 매끈하게 한 후에 발라야만 했다. 굵은 털은 족집게로 뽑아주고 솜털은 명주실을 꼬아가면서 아래서 위로 훑어 주면 꼬인 실속에 솜털이 끼어 뽑혀졌다.

분을 사용하는 방법은 다소 복잡하였다. 쌀 등의 분의 원료를 절구나 맷돌에 갈아서 체에 친 후에 분합에 보관했다가 화장시에 적당량을 분 접시에 덜어 사용하였다. 지금의 라텍스나 스펀지로 만든 부드러운 분첩이 없었던 당시에 최고의 분첩은 누에고치 집이었다. 사용할 만큼의 분가루를 분접시에 덜어 물로 개어 누에고치 집에 묻혀 얼굴에 펴 발랐다. 분화장에 있어 부녀들은 평상시에 백분화장을 자주 하지 못하였다. 분화장을 하더라도 분첩에 백분을 묻혀 도닥거리는 정도로 하였는데 부착력이 약해서 하지 않은 것 같았다. 그러나 부착력을 보강하여 개발된 연분의 커다란 결점은 분독이 발생하는 것이었다.

연분을 장기간 반복사용하면 땀구멍이 커지고 얼굴색이 푸르게 변하는 납중독을 일으키는데, 얼굴에 납독이 올라 안색이 푸르게 변할 뿐만 아니라 심하면 빈혈과 위통, 구토 증세까지 일으켰다. 일반 여성에게는 별문제가 되지 않았으나 화장을 많이 하는 기녀들은 납중독으로 인한 피해가 컸다.

조선시대 눈썹먹의 재료로는 관솔먹, 달개비 꽃잎 태운 재, 버드나무, 굴참나무, 밤나무목탄, 목화꽃 태운재, 참깨 그을음이었고 원료에 따라서 검정색, 검푸른색, 짙은 밤색, 회색, 자색의 다양한 색이 만들어 졌다.

대체로 식물을 태워 만든 재료는 기름에 개어야만 접착력을 발휘했던 것 같다. 굴참나무와 밤나무의 목탄을 칠할 때에 가루가 떨어지는 결점이 있으므로 관솔에서 나오는 유연(油煙)을 받아 평지씨 기름에 개어 사용하였고, 목화의 자색 꽃을 태운 재를 유연에 묻혀 참기름에 개기도 하였으며, 일반 가난한 농가에서는 아궁이의 숯 검댕이나 보리깜부기를 이용하기도 하였는데 이것은 쉽게 지워지는 단점이 있었다. 미묵중 가장 고급스러운 것은 송연묵으로 반죽먹이라고 부르기도 하였는데, 달개비의 꽃잎 태운 재를 호마유로 개고 여기에 유연과 홍금(紅金)가루를 적당량 개어 사용하였다.

조선시대 눈썹화장은 다른 부위의 화장보다 수정이 쉬워 눈썹 숱이 너무 많으면 뽑아서 연하게 해주고 숱이 너무 적으면 진하게 그려 주었으며 눈썹길이도 수정하였다. 눈썹의 곡선은 당시 버들눈썹이 유행이었으므로 눈을 중심으로 약간 휘게 그려주는 것이 일반화되어 있었다. 조선시대 남자들이 예찬한 미인의 눈썹에 관한 표현에 '가늘고 수나비 앉은 눈썹'이라는 표현이 있고 신윤복 작품 속의 미인들이 한결같이 가는 곡선형의 눈썹을 하고 있는 것을 보면 대체적으로 이러한 형태의 눈썹 화장이 시행되었음을 알 수 있다.

색조 화장경향이 일반적으로 자연미를 추구하는 경향이었으나 입술에 연지를 바르는 경향은 성행한 듯하다.

(6) 개화기

개항이후 초기에는 일본과 청나라로부터, 1920년대에는 주로 프랑스로부터 신식 화장품이 유입되었고 수입화장품의 인기는 한국 화장품 산업화의 촉진제가 되었다. 1916년 가내 수공업으로 제조되기 시작한 박가분이 여성들 사이에서 인기를 끌었고 머릿기름, 로션, 유액, 향유 등도 제조, 판매되었다. 신식 화장품과 화장법이 도입되어 입술연지의 색상이 짙어졌는데 이와 같은 경향은 기생이나 접대부에게 유행이 되어 조선시대와 마찬가지로 직업여성과 일반여성의 화장이 뚜렷이 구분되었다.

3) 메이크업의 역사(서양)

화장은 그 기원이 중국에서 발생한 것으로 알려졌으나 실질적으로 가장 최초 기록은 이집트에서 찾을 수 있다. 이집트와 비슷한 시기인 BC 3500년에 유프라테스강과 티그리스강 사이의 땅 메소포타미아에서 써머인은 세계최초의 청동기 문화를 일궈냈다. 써머인의 신전 Ziggura의 유적에서 나타난 금, 은, 구리로 만든 화려한 화장품 단지는 그들의 화장이 상당한 수준에 이르렀음을 말해준다. 그들의 장신구 대부분이 유리로, 유리 제조기술이 발달했음을 알 수 있다. 써머인이 이집트인에 비해 두껍고 진하면서도 투박한 화장을 했던 것이 벽화와 도자기에 잘 나타나 있다.

(1) 이집트

나일강 유역이 통일된 것은 기원전 3100년 무렵이며 이로부터 400년이 지난 제3왕조에 이르면서 왕의 권력이 극대화되며 제6왕조까지 고 왕국 시대라고 불리는 이집트 최고의 번영 시기였다.

이집트인들은 자연의 신들을 신봉하였으며 이러한 종교관이 그들로 하여금 화장이 짙어지게 하였다. 이집트 대부분의 그림, 조각, 벽화에서 볼 수 있는 아이라인(eye line) 기법은 검정 색, 회색, 녹색, 청색 등의 코올을 사용하여 눈 꼬리 부분에 물고기 꼬리 모양을 그렸다. 그들은 검은 화장먹(KOHL)으로 눈꺼풀, 눈썹, 속눈썹을 강조해서 강한 햇볕에 눈을 보호하였다. 검은 화장먹(KOHL)은 기름과 섞어 쓰며 아이라인으로 쓰였으며, 매우 유독한 성분으로 눈에 해로웠으나 위 · 아래에 모두 사용하였다.

푸른색 공작석(石)에서 얻은 안료를 눈 주위에 그리기도 하고 때로는 눈 아래에 그리기도 했다. 시원하게 보일 뿐 아니라 곤충으로부터의 접근을 방지하기도 하였다. 이외에 분,

볼연지, 입술 연지 등도 애용되었는데 연지의 원료인 이집트의 헤나(HENNA)는 식물에서 추출하였고 붉은 색 계통이었으며, 흰색을 나타내는 백납 등이 사용되었다. 아이컬러의 색깔로는 초록, 파랑, 보라, 은색, 금색 등을 사용하였며, 이것들이 오늘날의 메이크업의 유래가 되었다. 이 시대의 화장은 부와 명예의 상징이었으며 더위로부터 몸을 지키고 병과 외부로부터 몸을 보호하고 사회적 표시와 미적 효과를 나타냈다.

(2) 그리스, 로마

그리스는 이집트에서 그 화장술을 전수 받았다고 볼 수 있다. 그리스 역시 화장은 종교의식에서 비롯되었고 붉은 계열로 얼굴, 손, 유두 등에 칠하였다. 그리스에선 팩을 사용하기도 했는데 곡물가루를 반죽하여 얼굴에 붙이고 마를 때까지 있었으며 그 이후에 우유로 씻어냈다. 이것이 팩의 시초이며 분 역시 이 시대에 나타난 것인데 아연 화를 원료로 한 백분을 사용하였다.

그리스인들은 백납성분의 안료를 사용하여 푸른 빛이 도는 흰 피부를 선호하였으며, 양 눈썹이 가까운 선명하고 섬세한 눈썹과 윤곽이 뚜렷한 코선을 선호했다.

녹색, 회색계열의 아이섀도우를 사용한 눈, 윗 라인이 강조된 아이라인을 한 눈을 즐겨했으나 이집트에 비해 색조화장이 발달하지 못했다.

특히 특권층 여성들은 흰 피부를 선호하여 백분을 발랐으며, 이런 과도한 백분의 사용은 얼굴색이 변색되고 땀구멍이 막히고 치아가 검게 변하고 신경이 둔해 지고 전신쇠약으로 체력 저하를 유발하기도 하였다.

로마에서는 화장술의 형태가 더욱 발달하여 미장 술과 화장술로 세분화되었으며 로마의 특권층 계급에서는 피부관리와 화장을 선호하였다. 또한 흰 피부를 선호하였고 그것이 현대에까지 이어져 흰 피부를 선호하는 경향을 보이고 있으며, 볼과 입술에 붉은 색을 사용해 볼 화장과 입술화장의 기원이 되었다. 로마시대에는 온 몸에 때를 밀었으며 제모를 하였고 치아는 의치를 썼으며 여드름과 사마귀는 애교 점으로 커버하였다. 이 시대의 화장은 매우 호화롭고 사치스러웠다.

(3) 중세시대

로마제국이 붕괴하면서 화려함이 절제되고 종교가 그 생활의 관습을 지배하게 되었다. 따라서 화장을 엄격히 규제하였고 특정인의 집단(예능인)만이 화장을 하였다. 그 때문에 화장품의 발달보다는 비누나 목욕제품들이 발달하였고 보다 과학적이고 근본적으로 제조하게 되었다.

14세기 중반 경부터 이탈리아를 중심으로 번성하기 시작한 르네상스 운동의 영향으로 여성에 대한 중세 기독교적 인식의 해방을 가져와 여성의 아름다움에 대한 관심이 증가하면서 이탈리아를 중심으로 고대의 화장이 유럽각지로 확산되었다. 그러므로 상류계층 여성들은 향수, 머리염색, 미용법 등을 환영하였으며 화장품을 다시 사용하게 되었다.

피부는 백납 분을 사용하여 투명하고 창백한 흰 피부를 선호했으며 이마를 넓게 하기 위하여 이마선의 머리털과 눈썹을 깨끗이 면도하여 아주 가늘게 그리되 그 형태는 편안한 곡선을 형성하면서 그린 후 직선으로 내려오게 그렸다.

다시 말해 그 시대는 창백하고 흰 얼굴에 눈은 둥글고 큰 형태를 좋아했으며 코는 윤곽선을 뚜렷하게, 콧대는 좁은 듯 그려 줌으로써 지적인 이미지를 주었으며 아이라인은 가늘게 그려 눈에 크게 띠지 않도록 처리하여 전체적인 색조는 밝고 부드러운 색을 선호하였다.

또한, 얼굴 전체를 깨끗이 면도하고 머리 또한 이마 뒤로 넘겨서 한층 이마를 강조하였으며, 입술은 작은 꽃 모양의 장밋빛 입술을 선호하였다. 머리카락은 금발을 선호했으며 다양한 색깔의 노끈으로 묶거나 땋은 간단한 형태에서 여성들의 머리는 앞 중심에 가르마를 타고 앞이마를 전체적으로 내놓았으며 뒷머리는 목덜미에 붙였다.

중세의 유행 스타일은 창백한 피부, 극도로 넓은 이마, 홍조 띤 뺨, 활처럼 굽은 허리, 튀어나온 배, 베일 등이 유행하였다.

(4) 르네상스 시대

르네상스(Renaissance)는 '재생'의 의미로 그리스, 로마의 고전문예가 부활한 것을 의미한다. 르네상스 사상적 측면은 휴머니즘으로 중세의 절대적인 신의 숭배에서 인간의 재생을 목적으로 하는 부활이었다.

16세기에 들어오면서 르네상스는 유럽에서 전성기를 맞게 되었다. 예술의 발전, 종교개혁, 자본주의의 출현, 정복에 의한 식민지 개척 등이 이루어지면서 점차 개인주의와 향락주의로 흐르게 되고 쾌락과 사치를 추구하였다.

따라서 남성미, 여성미를 위한 과장된 의복과 장식이 귀족과 부유한 계층에 의해 더욱 강조되면서 화장품은 상류층에 의해 과도하게 사용되었다. 더욱이 이 시기에는 유럽 각 나라마다의 세력을 견제하기 위해 동맹 등을 위한 왕의 빈번한 왕래와 혼인으로 각 나라의 화장술이 서로 전해졌다.

영국에서도 대륙의 새로운 화장법이 도입되어 성행되었는데 엘리자베스 1세 때에는 흰 피부가 남녀 모두의 공통적인 소망이었으며, 여왕의 영향력으로 모든 여성뿐 아니라 남성까지도 화장품을 사용했다. 그녀는 피부를 수은이 들어간 로션으로 깨끗하게 하고 달걀 흰자로 윤을 내었으며, 납과 식초를 혼합한 분을 바르고 이마에 정맥을 그려 넣어 흰 피부를 강조하였다. 이를 피부에 바를 경우 일시적으로 얼굴이 백납같이 희게 보이는 효과를 나타내지만 피부가 심하게 훼손되는 결과를 초래하였다.

이처럼 어떤 희생을 치르더라도 백합같이 흰 피부를 갖기 위해 노력했으며 창백한 피부, 붉은 입술, 붉은 머리카락, 강조된 이마 등이 이 시대의 특징이었다. 다시 말해 여성들은 머리의 앞 가리마를 타서 귀 뒤로 넘겼으나 나중에는 모두 뒤로 빗어 넘겨 머리장식으로 고정시켰다.

(5) 바로크 시대

이 시대에는 지위가 있는 귀족들의 미적 요구가 끊임없던 시대로 사치의 시대라고 말한다. 남자들도 머리를 길러 장식하였으며 상류계층은 어깨까지 층층이 내려오는 구불구불하거나 곱슬머리 헤어스타일을 했다.

여성들은 화장품을 지나치게 많이 사용했으며 가발은 17세기 후반에 이르러서 화려한 의상과 조화되어 매우 중후하고 다양한 형태로 변화했다.

메이크업은 백분을 바른 흰 피부와 연지화장, 장미 꽃 같은 입술이 유행하였으며, 헤어스타일은 여러 가지 색으로 염색하였고, 퐁당쥬 헤어스타일이 유행하였다. 화려한 의상과 함께 17세기에는 패치(patch), 뷰티스폿(beauty spots), 무슈(mouche) 등의 애교점이 유행하였으며 패치는 귀족뿐만 아니라 하층계급까지 남녀노소를 막론하고 유행하였다.

모양이나 크기, 또 붙이는 위치도 다양하여 벨벳(belvet) 헝겊을 둥근 모양으로 오려서 이마나 관자놀이, 입술주변, 가슴부분 등에 풀로 붙였다. 검고 작은 뷰티스폿을 그리는 풍습은 원래 치통을 진정시키기 위하여 관자놀이에 검은 벨벳이나 호박단의 궁정용 고약을 붙이는 것에서 비롯되었다고 한다.

여자들은 화려한 의상에 어울리게 진한 화장을 위하여 백납성분으로 만든 백분을 발랐으며 머리카락은 블론즈 색으로 염색하거나 깨끗이 깎고 가발을 썼다.

(6) 로코코 시대

로코코의 어원은 프랑스어로 로카유(rocaille)와 코키유(coquille)인데 이는 정원의 장식으로 사용된 조개껍데기나 작은 돌의 곡선을 의미한다. 이 곡선의 감각은 잔잔히 흐르는 듯한 느낌과 경쾌히 춤추는 듯한 선의 감각으로써 우아하고 여성적이며 귀족적이고 반 자연적이며 인공적이고 실내 적인 특색을 지닌다.

18세기 청순, 간소, 우아하며 기교적인 로코코 양식의 유행은 귀족의 부르주아적 감상과 이국적인 취향을 반영한다. 이는 예술미를 중시하여 실용적이고 청결한 건강미보다 의상이나 메이크업, 머리양식에 큰 예술성을 우위에 두었다.

로코코시대에는 성별 신분에 관계없이 모두 연지화장을 즐겼다. 모나코공주는 처형대 앞에서 연지화장을 했고 급작스럽게 죽은 15세의 딸 앙리에뜨는 실내용 가운차림의 허술한 머리모양에 연지를 바른 모습으로 사륜마차로 옮겨졌다고 묘사되었다. 18C 중반에는 자연과 육체를 바라보는 시각의 차이가 생겼고 분을 바르지 않은 창백함이 유행하였으며 프랑스 대혁명의 영향으로 연지와 흰 가발은 바스티유 감옥과 함께 사라졌다.

18세기의 프랑스는 루이 17세의 후광으로 여전히 호화로움을 그대로 간직하고 있었으며, 18세기여자들은 머리모양에 가장 흥미를 집중시켰다. 18세기까지는 바로크시대에 유행했던 퐁당쥬(pontange)형이 전성을 이루었으나 루이 14세가 사망한 후 퐁파두르(pompadour)형이라는 낮은 머리형이 유행하게 되었다. 이 머리형은 머리카락을 부풀리지 않고 뒤로 빗어 넘긴 우아하고 깔끔한 머리형으로 머리 위의 조화나 리본, 레이스, 깃털 등의 섬세한 장식을 사용하기도 했다.

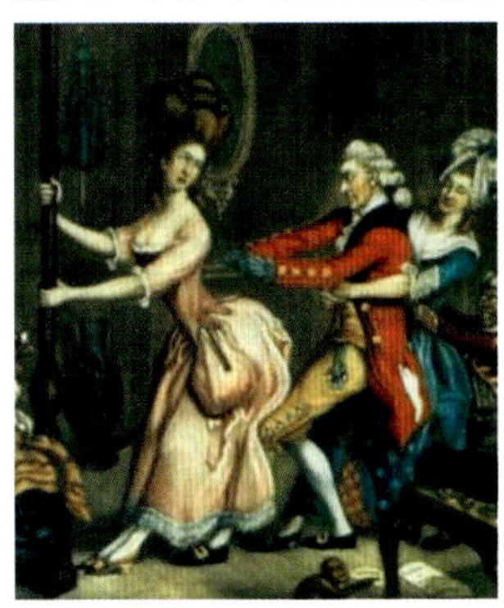

(7) 근대시대

과장된 머리 모양이나 요란한 색조화장은 사라지고 위생과 청결을 중요시 여겼으며 비누사용이 보편화되었다. 19C 초기에는 폐결핵 환자처럼 보이는 창백한 피부와 병들어 맥없이 보이는 모습이 유행하기도 하였다.

19세기 메이크업 경향은 보다 자연스러운 아름다움과 흰 피부를 동시에 추구하였다. 빅토리아 여왕시대에 이르러서는 메이크업을 하지 않는 모습에 입술이나 볼에 연한 색을 선호하기도 하였다. 피부표현 또한 엘리자베스 시대나 르네상스 시대와는 비교될 정도로 자연스러운 피부색이 유행하였다. 이러한 시대적 배경으로 독성이 강한 화장품을 대신한 꽃과 허브에서 화장품을 생산하기에 이르렀다. 특히 1866년 산화아연을 만들어 냄으로써 그 동안 여성들에게 해독을 주었던 백납 분보다 훨씬 안전하고 새로운 성분이 공급되어 전 유럽과 미국으로 퍼졌고 그리스 시대부터 여성들이 흰 피부를 위해 애용해오던 백납 분은 더 이상 쓰이지 않게 되었다. 영국에서는 빅토리아 여왕의 영향이 지배적이었는데 일반 시민들은 흰 피부를 유지하기 위해 화장을 하는 것 외에 입술과 볼에 루즈를 사용하는 것은 행실이 부도덕한 표시처럼 여겨 뚜렷하고 큰 눈을 위주로 연하게 하는 화장법이 유행하였다. 또한 프랑스 혁명이후 남성들은 짧은 머리에 수염을 길렀으며, 여성들은 자연스러운 곱슬머리를 선호하였다.

4. 20세기 현대 메이크업

1) 20세기 초(1900 ~ 1910) 메이크업

고대 이집트 시대이래 거듭되어 왔던 메이크업과 화장품 사용에 대한 논쟁은 20세기에 접어들면서 비로소 종식되었다. 비록 메이크업에 대한 거부감이 완전히 가시지는 않았지만 사회적으로나 도덕적으로 자연스러운 행위로 받아들여졌다.

본격적으로 등장한 무성영화로 인하여 매스컴을 통해 메이크업과 헤어, 패션에 눈을 뜨게 된 시기로 화장의 일반화가 가속화되고 화장품의 소비량이 증가하였고 무성영화 배우들의 메이크업 기법이 대중화 되었다.

1915년에는 미국에서 고형 갑 속에 보관된 립스틱과 아이브로우 펜슬을 판매하기 시작했으며, 눈썹과 눈 사이에 황색 분을 발라 동양적 화장을 선보인 것으로써 아이섀도우를 최초로 사용했다. 또한 영국에서는 얼굴에 문신을 하는 방법이 등장 했다.

1910년대 메이크업의 특징은 눈썹 형태는 새카만 일자형으로 눈 주위에 강한 음영 처리를 한 달무리처럼 칠한 아이섀도우가 특징이며, 입술을 얇고 뚜렷하게 라인을 강조한 어린애의 입술같이 작게 표현했다. 대표 배우로 테다바라와 폴라네그리가 있다.

2) 1920년대 메이크업

다양한 크림류, 오일, 로션 등 피부나 신체 모발 관리를 위한 제품들이 산업화로 인해 대량생산 되었으며, 메이크업은 창조적인 예술로 사람의 개개인의 개성을 표출하는 것으로 발전했다.

무성영화 등장으로 인해 배우들의 의상과 메이크업, 헤어스타일 연구가 시작되었으며, 길게 빼서 섹시한 느낌과 강조된 속눈썹이 인기를 끌었다. 또 둥글고 볼륨 있게 곡선진 빨간 입술과 광대뼈가 나와 보이도록 강하게 강조된 뺨이 유행했다.

1920년대 화장의 특징은 밝아서 창백한 느낌의 피부톤과 아이 홀 메이크업으로 입체감을 나타낸 짙은 눈 화장으로 아이섀도우의 시술 부위는 눈 꼬리보다는 눈머리 부분에서 콧대에 이르기까지 마치 삼각형 모양으로 펴 발라 높은 코를 더욱 강조했으며, 입술은 큐피트의 활처럼 선명한 빨강색으로 윗입술의 선을 아주 얇고 작게 여성스럽게 그리고 아랫입술은 약간 도톰하게 그렸다.

1927년에는 오늘날까지 절찬리에 판매되고 있는 코티분과 샤넬의 NO.5 향수가 개발되었으며 그 이듬해인 1928년에는 클린징 티슈인 크리넥스가 개발되었다.

이 당시 한 해 동안 미국에서 소비된 립스틱의 총 연장 거리는 약 480km로써 이는 신세기에 들어 메이크업이 얼마나 큰 발전을 할 것인가를 예고한 것이었다.
대표배우로 클라라보우가 있다.

3) 1930년대

경제공황의 찬바람으로 위축된 사회분위기는 메이크업 패턴에도 영향을 미치게 되어 1930년대 초 메이크업은 절제되고 자연미를 강조하는 스타일이 유행하였다. 영화가 대중오락 중에 중요한 비중을 차지하게 됨에 따라 일반인들의 메이크업 패턴은 영화배우들의 스타일에 따라 영향을 받았는데 절제되고 소박한 경향을 추구하였던 당시 사회의 분위기는 부유한 스타일의 이미지 보다 청초한 미에 더욱 매력을 느끼게 되었다. 이런 1930년대 초기의 메이크업 풍조는 점차 변하고 짙은 눈썹과 두툼하고 강조된 입술, 검붉은 립스틱은 당시 여자들에게 많은 영향을 끼쳤다. 1930년대 메이크업을 논함에 있어서 빼놓을 수 없는 것은 몇몇 화장품 생산에 종사한 사람들이다.

먼저 오스트레일리아 사람으로 폴란드에서 안면용 크림을 생산하여 판매하기 시작한 헤레나 루빈스타인 부인은 그 후 미국에서 본격적인 사업을 시작하면서 수많은 화장품을 개발, 생산함으로써 일반인들이 화장품을 쉽게 구입할 수 있도록 도왔으며, 헐리우드에서 분장사 겸 헤어디자이너로 활동하던 막스 팩터씨는 최초로 팬케이크 타입의 파운데이션을 발명하여 판매함으로써 기초화장의 새로운 기원을 남겼다. 대표배우로 그레타가르보와 마를렌디트리히가 있다.

· 파운데이션 : 드물게 사용되었지만 밝은 색조로 처리.
· 파우더 : 아주 밝고 희게.
· 볼 터치 : 붉은 색 볼연지를 볼뼈 전체에 둥글고 진하게 발라서 볼뼈를 강조.
· 눈썹 : 아주 가늘게 정리 후 검정 색 크레용을 사용하여 강조.
· 눈꺼풀 : 섀도우는 제한적으로만 사용.
· 속눈썹 : 검은색으로 강조.
· 아이라인 : 검은색 아이라인을 사용. 시선을 강조.
· 입술 : 둥글고 진한 색의 육감적인 모습으로 표현.

4) 1940년대

2차 세계대전으로 인하여 심각한 물자부족 현상은 화장품 업계에도 큰 영향을 끼쳤다. 화학제품을 원료로 하여 화장품이 생산되는 것을 생각한다면 당연한 현상이고 조치이긴 하지만 미국의 '전쟁물자 생산위원회'는 화장품 생산량을 크게 감소시켰다. 1940년대 후반에 접어들면서부터 메이크업산업은 다시 활기를 찾기 시작한다. 크림형 및 액체형 파운데이션이 개발되어 판매되기 시작했고, 리필형 립스틱이 크게 성공하였다. 메이크업 풍조 측면에서는 한동안 잠잠했던 것이 대 유행이 되어 수십가지 종류의 패치(별 모양) 모양을 넣은 상자가 화장품 가게에서 판매되었다. 또한 전쟁이 끝난 후 경제적 번영의 도래를 의미하듯 풍부하고 화려한 립스틱이 강조되었고 눈 화장이 발달하기 시작하였다. 대표배우로 리타헤이워드가 있다.

5) 1950년대

1949년 겨울부터 파리를 중심으로 <사슴 눈 모습의 아이 메이크업>이 전 세계적으로 번져나갔다. 1950년 중반까지 계속된 이러한 메이크업 풍조는 눈의 아이라인을 바깥쪽으로 연장하고 눈꼬리 부분을 올라가도록 그려주었으며, 눈썹위에 각종 새로운 색으로 그려 넣어 얼굴을 강조하였다.

1950년대 중반에는 눈썹 끝을 바깥쪽으로 길게 올라가는 '만다링' 식 메이크업이 유행하였고 후반에는 내추럴 톤의 메이크업이 유행하기도 했다. 전쟁 후 여성미가 부활되었으며, 대표적인 유행 선도자로는 요염한 스타일의 마릴린 먼로, 요정 같은 모습의 오드리 헵번, 귀족적 분위기의 그레이스 켈리 등이 유행을 선도했다.

오드리 헵번은 굵게 강조한 눈썹과 끝이 치켜 올라간 아이라이너로 젊음을 과시했고, 마릴린 먼로는 아이라이너를 길게 그리고 얼굴 윤곽을 강조하고 새빨간 색의 입술을 바름으로써 순진하고 관능적인 모습을 표현했다.

6) 1960년대

1960년대 초에는 비록 일시적이나마 고대 이집트 스타일의 메이크업이 유행하였다. 영화 <안토니 & 클레오파트라>의 영향을 받아 유행했던 소위 이집트리언 룩의 특징은 대담한 검정 색 선으로 눈 주위를 그린 후 눈 끝에서 바깥쪽으로 직선을 연장한 클레오파트라의 눈을 재현하였고 여기에 아랫입술을 강조하였다.

한편 1960년대 중반에는 이집트리언 룩의 모습에서 변형된 립리스 룩(Lipless Look)이 유행하게 되는데 이는 입술의 윤곽은 흐리게 하고 눈만을 강조함으로써 전체적으로 어린애와 같은 모습을 연출하는 것이다.

또한 60년대에 들어서면서부터 여성의 권한이 획기적인 신장으로 메이크업 스타일은 다양하게 발달되어 다양한 문양을 화려하게 표현하는 메이크업, 입체형 메이크업 등이 속속 소개되었다. 대표배우로 트위기가 있다.

7) 1970년대

펑크라는 기존 질서에 반항하는 퇴폐적이고 무질서한 하위문화가 발생했으며, 1970년대 중반으로 갈수록 자연스러운 모습으로 바뀌어 개성과 다양성이 존중되었다.

이 시기의 메이크업은 광대뼈를 강조하기 위해 윤곽 그리기가 사용되었고 입술에는 립라이너를 꼼꼼하게 사용했으며 립스틱 위에 립글로스가 덧칠해졌다.

1960년대의 강한 아이라이너는 가장자리로 지워져서 아이섀도우에 섞이게 되었으며, 아이홀이 강조되고 눈썹은 자연스러우나 눈썹을 뽑아줌으로써 정리했다. 대표배우로 파라포셋이 있다.

70

8) 1980년대

경제부흥을 이룬 고도 성장기로써 컬러가 강세를 보인다. 매트한 느낌이 주류를 이루었으며 메이크업에 있어서는 질감을 중요시하고 투명 감을 살리는데 주력했다. 컬러 마스카라가 등장하는 등 새로운 제품이 많이 등장한 시기였으며 눈썹을 강하게 그렸다.

여성이 남성처럼 눈썹을 짙게 그리고 화장을 하지 않은 본래의 얼굴에 가까운 자연스러운 색조화장을 함으로써 남자가 엷은 화장을 한 것 같은 느낌과 비슷하거나 흰색이 많이 포함된 광택 없는 색조화장으로 남성도 여성도 아닌 것처럼 표현했다. 1980년대 강한 영향을 기친 것이 있다면 사람이 아닌 매체이다. 많은 스타일이 공존했으며 유행이 새롭게 들어오자마자 기존의 유행은 급속하게 밀려갔다.

9) 1990년대

의학의 발달로 인하여 평균수명이 연장됨에 따라 여러 측면에서 노인문화를 정착시키려는 노력이 이루어지고 있는 것처럼 젊음을 오래 더 유지시키고 싶은 욕구를 충족하기 위하여 노화 방지 및 지연을 목적으로 하는 화장품의 개발이 눈에 띈다.

보습효과 또는 세포 활성화 효과가 뛰어난 성분들을 동식물의 천연원료로부터 추출해내거나 새로운 활성성분을 개발하여 피부 노화에 보다 근본적인 해결을 도모하려는 노력이 이루어지고 있다.

1920년대의 눈 화장, 1930년대의 눈썹, 립스틱, 1960년대의 속눈썹 등 개성을 자유롭게 연출하고 포스트 모더니즘 사조로 다양한 스타일이 유행하였다. 자연주의와 복고주의, 재활용주의, 실용주의의 로코코, 바로크 스타일, 미니멀리즘, 미래주의 메이크업, 테크노풍, 오리엔탈 메이크업이 공존하여 다원화된 다양한 개성표현이 90년대 메이크업의 특징이다.

10) 2000년대

색감과 질감, 스타일 등에서 획일화 하는 경향이 사라지고 개인의 나이, 육체적 특성, 기호 활동에 따라 각 개인에 맞는 메이크업으로 표현되었다.

내추럴의 가볍고 투명한 메이크업 트렌드가 주류를 이루며 샤이닝한 베이스로 탄력 있는 피부와 건강미가 강조되고 있다.

제 2 장

색채론

제2장 색채론

1. 색채 지각 및 색의 중요성

색은 메이크업에 있어서 가장 분명하고 강하며 자극적인 요소로, 제일 먼저 인식되고 가장 끝까지 기억되는 경향이 있으며, 여러 요소들 중에서 가장 복잡하고 창조적이며 다양한 요소이다. 색은 의식적이거나 무의식적인 육체적, 감정적 반응을 불러일으키며, 색에 대한 반응은 즉각적이고 오래 지속되어서 메이크업의 경우 색과 그에 대한 반응은 오래 기억하게 된다.

자연의 색은 계절마다 색상, 명도, 채도가 다르게 지니고 있어, 봄, 여름, 가을, 겨울색의 특징이 구분되며 각각의 유형에 따른 주조색(dominant color)을 지니게 된다.

사계절 색상은 크게 따뜻한 색과 차가운 색으로 구분하고 따뜻한 색으로는 봄과 가을타입, 차가운 색으로 여름과 겨울타입으로 구분한다. 봄과 가을타입은 따뜻한 계열의 노르스름한 색을 지니고 있고 여름과 겨울타입에는 차가운 계열의 푸르스름한 색을 지니고 있다.

2. 색상(Hue) : 따뜻한 색과 차가운 색(Warm & Cool)

스펙트럼에 나타난 무지개 색처럼 시·감각에 따라 식별되는 색을 구별하기 위해 필요한 색채를 색상이라고 한다. 표준이 되는 색상은 표색계 시스템에 따라 다르나 성질이 비슷한 색의 순서대로 배열해보면 색상에 대한 감각의 변화는 둥글게 반복되는 순환성이 있기 때문에 색상환이라고 한다. 퍼스널 컬러에서는 이 색상환에서 구분된 따뜻한 색과 차가운 색의 구분이 아닌 색의 혼합에서 이루어지는 기조 색에 의해 모든 색은 따뜻한 색(Warm)과 차가운 색(Cool)으로 구분한다.

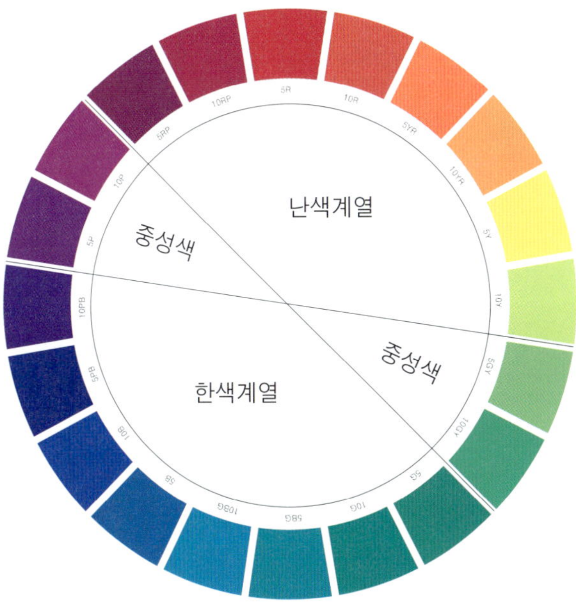

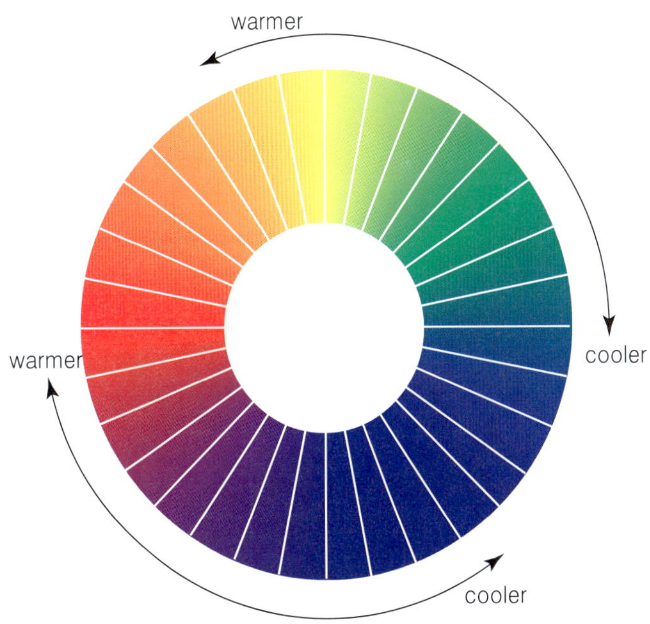

1) 따뜻한 색

따뜻한 색의 특징으로는 기본적으로 노랑색과 황색을 지니고 있으며 무채색과 실버는 속하지 않는다. 이러한 특성으로 주황과 연두의 경우 거의 따뜻한 색으로 차가운 색에는 속하지 않게 된다. 색채혼합에 있어서 같은 따뜻한 계열의 색의 혼합은 결코 차가운 색이 될 수 없기 때문이다. 반면에 따뜻한 색으로 인식하는 노랑이나 빨강의 경우 흰색과 검정, 파랑의 혼합으로 차가운 색이 된다. 따뜻한 색의 이미지는 온화하면서 풍요롭고 동적인 이미지를 지니고 있어 감성적인 색상이 주를 이루어 시각적으로 편한 함을 주는 색상이다. 따뜻한 색은 봄과 가을 타입으로 분류된다. 대표적인 색으로는 옐로우 베이스(yellow base)의 옐로우, 오렌지, 레드, 옐로우그린, 골드, 옐로우브라운, 카키, 올리브그린 등이 대표적인 색이다.

2) 차가운 색

차가운 색의 특징으로는 기본적으로 파랑과 흰색, 검정색을 지니고 있으며, 주황과 연두, 황색, 골드는 속하지 않는다. 일반적인 무채색과 파랑계열과 보라계열은 차가운 색이 대부분이다. 그러나 파랑과 보라에도 노랑이 가미되면 따뜻한 색이 된다. 무채색도 마찬가지로 차가운 색과 따뜻한 색으로 구분이 된다. 예를 들어, 흰색의 경우 노랑이 가미된 미색이나 아이보리 계열과 순순한 백색으로 구분되며 검정 역시 흑갈색과 흑청색으로 구분이 된다. 즉, 푸른빛이 나는 순수한 검정과 황색이 가미된 퇴색한 검정을 구분할 수 있다. 회색 역시 차콜그레이(푸르고 흰빛이 나는 회색)와 카키, 베이지가 가미된 웜 그레이(황색계열이 가미된 회색)로 구분할 수 있다. 이렇듯 어떤 색과의 혼합이 이루어지고 기조색이 무엇인가에 따라 구분이 된다. 차가운 색의 이미지는 모던하며 세련된 정적인 이미지로 이성적인 감각을 지닌 색이 주를 이루고 있다. 차가운 색은 여름과 겨울타입으로 분류된다. 대표적인 색상으로는 무채색과 마젠타, 와인, 블루, 블루그린, 퍼플, 네이비, 실버가 가미된 색이다.

3. 명도(Value)

<명도 단계(0-11단계)>

색과 색간의 밝기차이를 느끼게 하는 명도는 색의 밝고 어두운 정도를 나타낸다. 명도단계는 무채색을 모두 11단계로 구분하여 모든 색상들의 명도를 구분하는 기준을 삼는다. 보통 색의 밝기에 따라 흰색에 가까운 밝은 단계로 고명도, 중명도, 저명도로 구분한다. 명도에서 가장 큰 영향을 받는 것은 색의 무게감, 즉 중량감이다. 이러한 색의 무게감에 따라 의상이나 인테리어에서 배색의 위치가 정해진다. 또한 확대와 수축의 이미지를 부여하기에 체형을 고려하여 배색할 때 명도의 개념이 중요하게 적용된다. 우리 인간의 눈은 색의 3속성 중에서 명도에 대해 가장 예민하며 그 다음이 색상, 채도의 순서이다. 일반적으로 색상은 150종류까지 식별이 가능하며 명도는 200단계까지 구분되고 채도는 20단계 정도 구분이 가능하다. 따라서, 색채를 선별하고 배색하는 데에는 민감한 명도단계를 우선적으로 고려하여야 한다.

1) 밝은 색(Light)

밝은 색의 고명도에서 중명도인 1~5단계에 속하는 색으로 밝고 연한 색으로 부드럽고 은은한 파스텔 톤이다. 사계절 색상 중 봄과 여름의 색상이 속하며 봄은 노랑, 여름은 흰색이 혼합되기에 어두운 색보다는 밝은 색이 주를 이루게 된다.

2) 어두운 색(Dark)

어두운 색의 중명도에서 저명도인 6~11단계에 속하는 색으로 어둡고 짙은 색으로 가라앉고 차분한 색이다. 사계절 색상 중 가을과 겨울이 속하며 가을은 황색, 겨울은 파랑이 기본색으로 혼합되기에 비교적 어두운 색이 주를 이루게 된다.

4. 채도(Chroma)

색의 선명도로 색채의 강하고 약한 정도의 강 · 약 감을 뜻한다. 채도는 색상이 있을 때만 나타나기 때문에 무채색에는 채도가 없다. 채도는 그 색깔을 포함하는 비율로 순색이 100이고 무채색이 0이다. 동일계열의 색상 중에서 가장 채도가 높은 색을 순색이라고 한다. 모든 색은 탁색-흐림(muted)과 순색-선명함(Clear)으로 구분한다. 즉, 탁색-흐림(muted)은 여름과 가을타입이고 순색-선명함(Clear)은 봄과 겨울타입이다.

색의 선명도에 관한 것으로 순색에 가까운 색인 원색이 선명한 색이며 혼합색으로 이루어진 탁색의 경우 빛 바랜 듯한 흐린 색으로 구분된다.

1) 선명한 색(Clear)

순색에 가까운 색으로 비교적 선명하고 광택이 나는 빛을 지닌 색으로 에너지가 넘치며 강렬한 색으로 화려하고 자극적인 비비드 색이다. 사계절 색상 중에는 봄과 겨울의 색상이 주를 이룬다.

2) 흐린 색(Muted)

무채색의 혼합 비율이 커질수록 탁색으로 흐린 색에 가까운 빛 바랜 듯한 색이다. 불투명하며 색의 힘이 약하고 자연적인 색이다. 사계절 색상 중에는 여름과 가을의 색상이 주를 이룬다.

5. 톤(Ton)

톤이란 색채의 3속성 가운데 명도와 채도의 복합적인 색조를 의미하는 것이다. 모든 색을 부드러움(Soft)과 딱딱함(Hard)으로 경연감을 나타낸다. 부드러운 톤은 봄과 여름타입이며 딱딱한 톤은 가을과 겨울타입이다. 톤이란 명도와 채도를 합하여 색의 성질을 감성적으로 구분한 것이다.

1) 부드러운 색(Soft)

부드러운 이미지를 지니는 색은 비교적 밝고 연하며 은은한 색이 주를 이루게 된다. 색상이 강하고 어두운 색보다는 온화하고 은은한 이미지를 지니는 색이다. 사계절 색상 중 봄과 여름 타입이 부드러운 색에 속한다.

2) 딱딱한 색(Hard)

비교적 어둡고 강한 색이 딱딱하게 느껴지게 된다. 차분하고 자연스럽고 도회적인 이미지를 지닌 반면 강하고 진보적인 이미지를 지닌 색이다. 사계절 색상 중 가을과 겨울 색상이 속한다.

6. 톤(Ton)의 분류

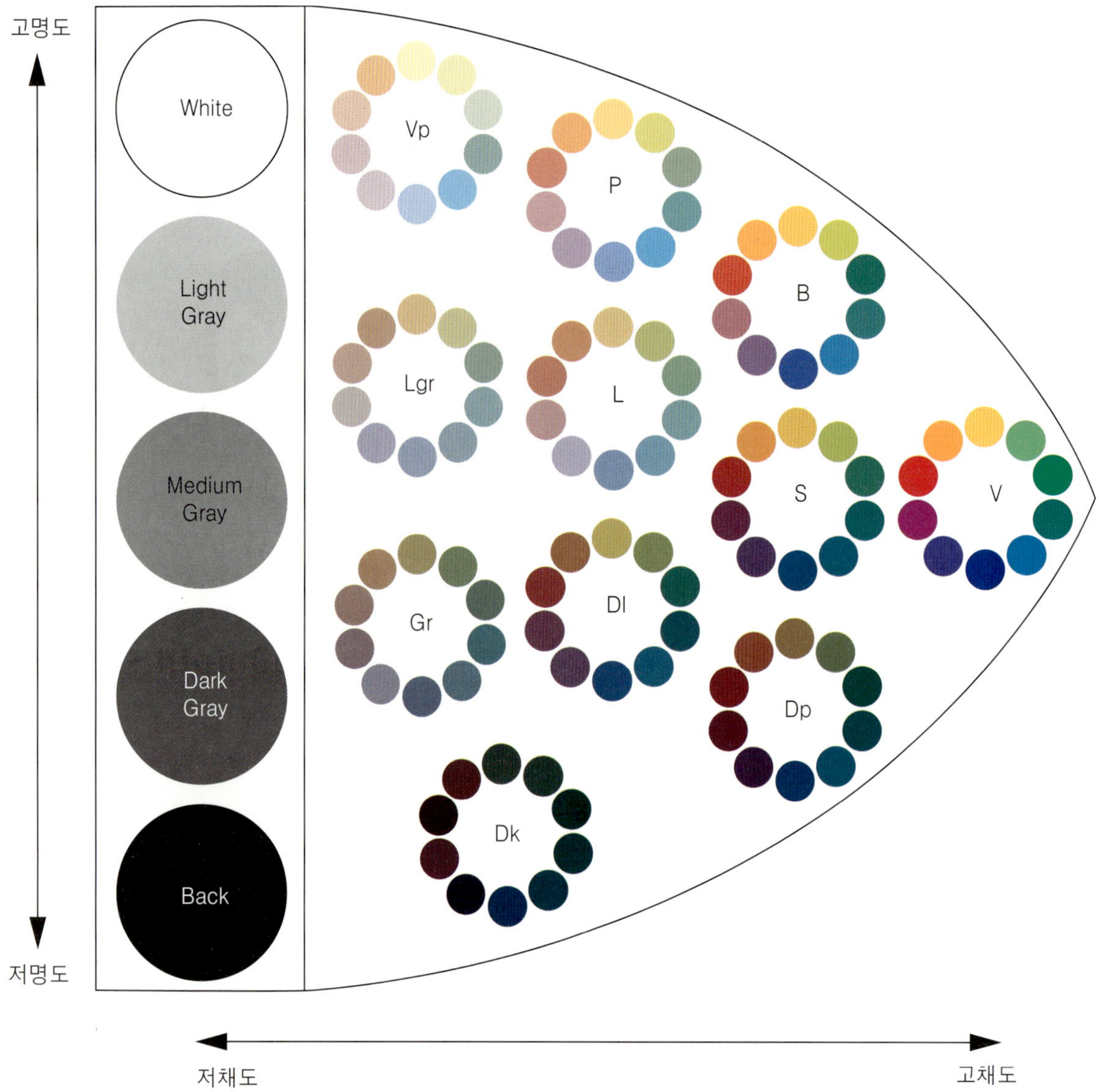
고명도
저명도
White
Light Gray
Medium Gray
Dark Gray
Back
Vp
P
B
Lgr
L
S
V
Gr
Dl
Dp
Dk
저채도
고채도

1) 화려한 톤

(1) 비비드(Vivid : 선명한)

기본색인 12색을 중심으로 원색에 선명한 색이다. 선명하며 활동적인 이미지의 색으로 강한 인상을 주어 주목성이 크다. 따라서 자극적인 메시지에 효과적으로 활용된다.

(2) 스트롱(Strong : 강한)

비비드에 비해 다소 선명함이 낮고 탁색 기미를 갖고 있는 강한 원색이 주를 이루며 색감이 강하므로 화려한 이미지를 지닌다.

2) 밝은 톤

(1) 브라이트(Bright : 밝은)

브라이트는 비비드에 흰색을 섞어 만든 맑고 밝은 색이다. 이 톤의 특색은 톤 중에서도 비비드의 이미지를 지니고 있으며, 명쾌성이 더해 밝게 빛나는 이미지이다. 브라이트 톤의 이미지는 밝고 선명한 톤이다.

(2) 라이트(Light : 옅은)

라이트 톤은 비비드에 약 6배의 흰색을 섞어서 만든 색으로 브라이트와 같은 맑은 색이지만 흰색이 더 포함되어 색이 약해지며 가벼운 이미지를 지니게 된다. 파스텔로 여성스럽고 감미로운 것이 특징이다. 톤의 이미지는 가벼우며 부드러운 이미지다.

3) 가라앉은 톤

(1) 소프트(Soft : 부드러운)

라이트보다는 짙은 색으로 부드럽고 자연스러운 색으로 중간색이 주를 이룬다. 지나치게 밝고 어두운 색이 아닌 중명도에 중채도로 거부감이 제거된 편안한 이미지다.

(2) 덜(Dull : 둔한)

덜은 비비드에 회색을 가미한 색으로 차분하고 가라앉은 듯한 이미지다. 비비드와 같은 활발함이 상실되고 전체적으로 확실하지 않은 분위기로 소박하고 둔한 색이다. 반면에 중후하고 품격 있는 이미지를 지니고 있다.

(3) 라이트 그레이쉬(Light grayish : 밝은 잿빛의)

비비드에 밝은 회색을 혼합한 색으로 흐릿한 이미지의 탁색이다. 톤의 이미지는 소박하고 정적인 이미지로 지루함을 지니고 있다.

(4) 그레이쉬(Grayish : 잿빛의)

비비드에 회색을 혼합한 색으로 탁하고 명도와 채도가 낮은 톤으로 칙칙하면서 둔하게 보인다. 반면에 정적이고 침착하여 신뢰성을 지닌 무난한 색이다.

4) 어두운 톤

(1) 딥(Deep : 진한)

비비드에 흑색이 가미된 색으로 자극이 강한 비비드의 명도를 낮추어 침착하고 깊이감 있는 색이다. 톤의 이미지는 중후하고 강하며 진한 이미지로 고풍스럽고 고전적인 이미지를 지니고 있다.

(2) 다크(Dark : 어두운)

전체적으로 흑색이 가미되어 어둡고 무게감이 느껴지는 색으로 명도가 낮은 색이다. 색상이 적어 화려함이 없고 강하며, 남성적인 이미지를 지니고 있어 격조 높은 이 색은 공간을 축소되어 보이게 한다. 진지한 느낌을 주는 어두운 색으로 가을과 겨울을 상징한다.

(3) 다크 그레이쉬(Dark grayish : 어두운 잿빛의)

흑색을 가미한 명도가 가장 낮은 색인 어둡고 짙은 색으로 중후하고 엄숙하며 미묘한 신비감을 지니고 있다. 색을 느끼기가 어려울 만큼 저채도를 지니고 있어 무게감이 느껴지는 색으로 남성적인 이미지를 지니고 있다.

7. 사계절 색채 유형 분류

SPRING - WARM SOFT

"깨끗함, 선명함, 맑음이 특징"

봄의 색은 기본적으로 깨끗함(Clear), 선명함(Delicate), 맑음(Bright)의 특징을 지닌 따뜻한 색이다. 봄은 가장 부드럽고 연한 톤과 원색의 생동감 있는 색이 주를 이루며 신체색상의 특징은 기본적으로 노르스름한 톤으로 피부색과 머리카락, 눈동자 색의 차이가 적은 콘트라스트를 지니고 있는 편이다.

크림아이보리(cream ivory)
피치베이지(peach beige)
옐로우베이지(yellow beige)
골든베이지(golden beige)
피치치크(peach cheek)
아이보리 피부에 골든 주근깨

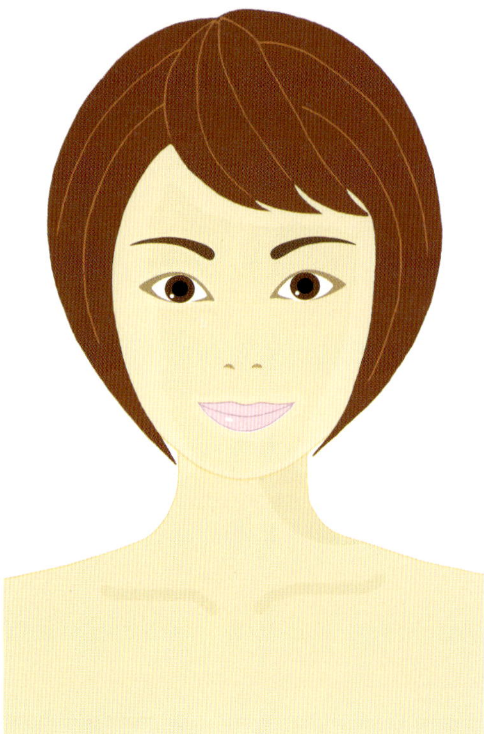

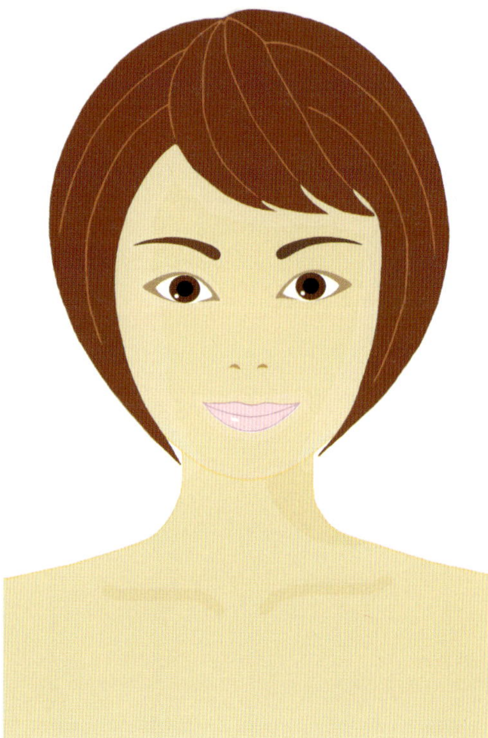

<봄 타입의 그림>

SUMMER - COOL SOFT

"밝고 부드러운 색과 파스텔 톤"

여름의 색은 기본적으로 흰색을 지니고 있어 밝고 부드러운 색과 파스텔 톤이 주를 이루지만 반면 불투명함을 지니고 있다. 여름유형의 신체색상의 특징은 피부색은 붉으스름한 톤을 지니고 있어 중간 톤이지만 머리카락과 눈동자색은 비교적 회색을 가미한 갈색으로 부드러운 이미지를 지니고 있다.

핑크베이지(pink beige)
로즈베이지(rose beige)
내추럴베이지(natural beige)
로즈브라운(rose brown)
핑크 치크(pink cheek)

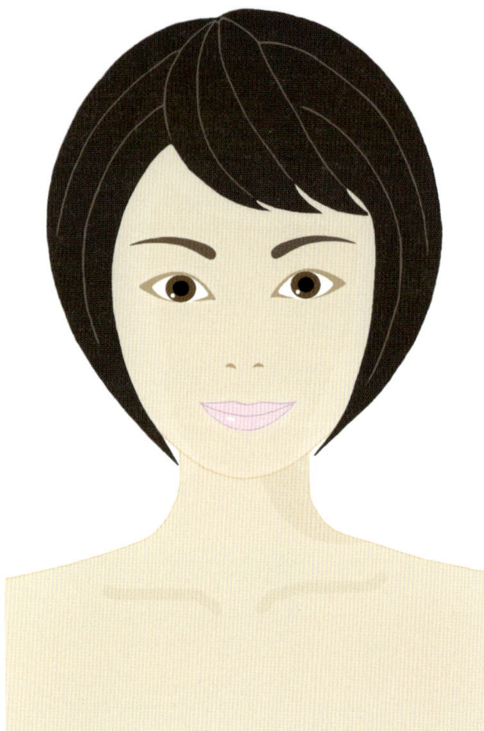

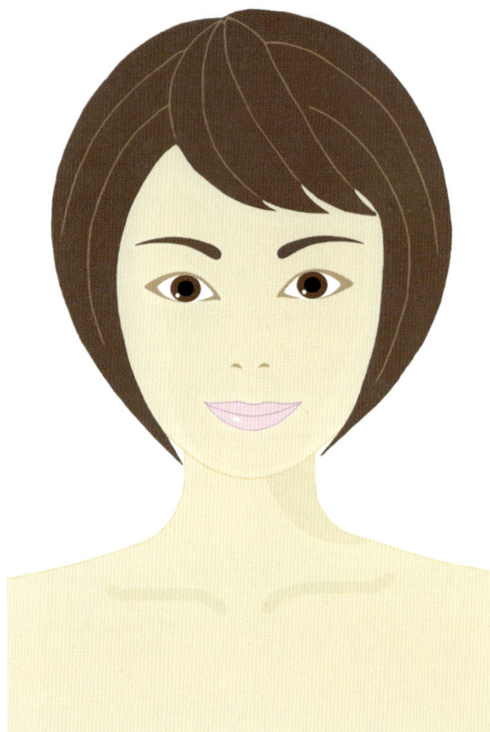

<여름 타입의 그림>

AUTUMN - WARM HARD

"자연스럽고 차분한 색상"

가을색은 기본적으로 황색을 지니고 있어 자연스럽고 차분한 색상이 주를 이루며 명도와 채도가 비교적 저명도, 저채도가 주를 이룬다. 가을유형의 신체색상의 특징은 기본적으로 노르스름한 톤이고 머리카락과 눈동자 색은 비교적 짙은 흑갈색이나 적갈색을 지니고 있는 가라앉는 차분한 이미지이다.

피치베이지(peach beige)
내추럴베이지(natural beige)
골든베이지 (golden beige)
골든브라운 (golden brown)

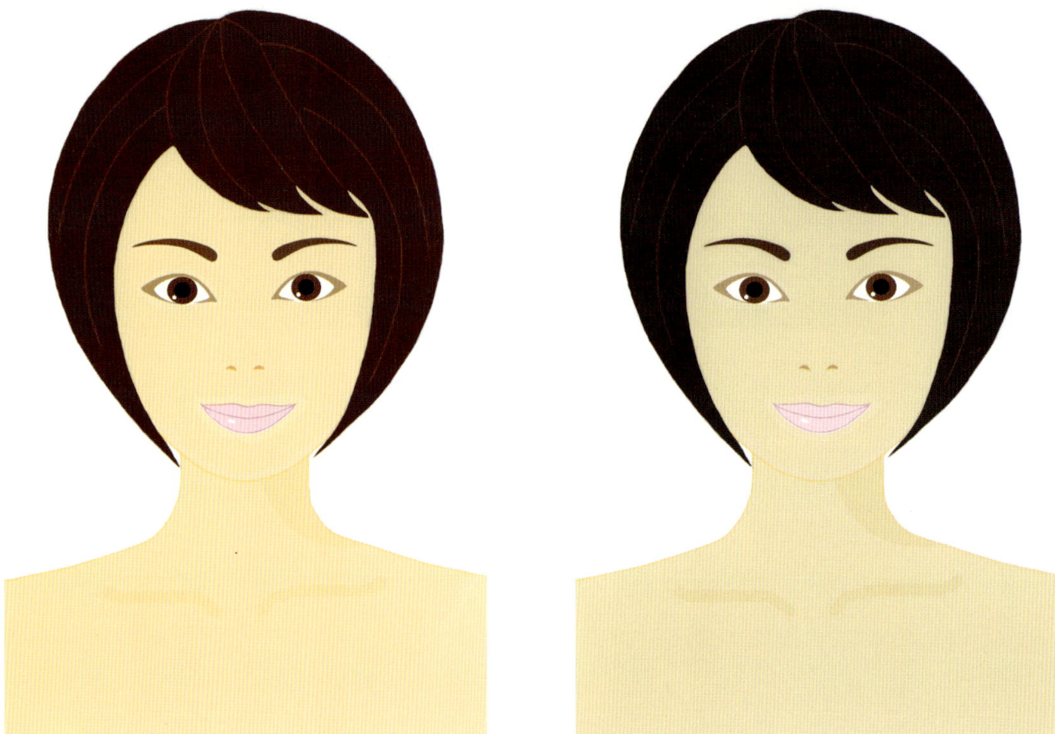

<가을 타입의 그림>

WINTER - COOL HARD

"가장 강렬하고 모던한 이미지"

겨울색은 기본적으로 파랑색의 선명함과 강한 색이 주를 이루며 밝고 어두운 콘트라스트가 높은 배색이 특징이다. 유형 중 가장 강렬하고 모던한 이미지이다. 신체색상의 특징은 희고 푸른빛을 지니고 있어 창백하거나 핑크빛을 띠며 머리카락, 눈동자색은 푸른빛의 검정이나 회갈색이다.

페일베이지(pale beige)
핑크베이지(pink beige)
로즈베이지(rose beige)
올리브(olive)계열

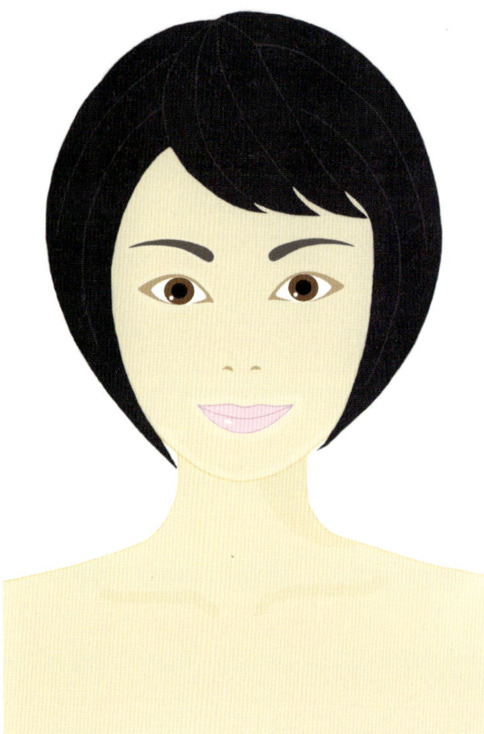

<겨울 타입의 그림>

8. 사계절 색채유형 컬러이미지

01 SPRING 특징 : Warm, Clear, Light, Bright, Delicate, Soft, Yellow

귀여운 이미지 (pretty & romantic) : 큐티(cute)하면서 로맨틱한 이미지
경쾌한 이미지 (cheerful) : 젊음과 활동적인 이미지
캐주얼한 이미지 (casual & active) : 원색을 중심으로 자유롭고 활동적인 이미지
맑고 투명한 이미지 (pure & clear) : 가볍고 깨끗한 이미지

Warm Romantic Color Image

Pretty Color Image

02 SUMMER 특징 : Cool, Pastel, Light, Soft, Muted, Rosy, Blue

부드러운 이미지 (mild & soft) : 파스텔 톤으로 은은한 색조의 편안한 이미지
엘레강스한 이미지 (elegance) : 여성스럽고 고급스런 이미지
시크한 이미지 (chic) : 정적이고 꾸미지 않은 그윽한 이미지
화려한 이미지 (luxury & noble) : 깊이감 있는 이미지

Chic Color Image

Cool Clear Image

03 AUTUMN 특징 : Warm, Muted, Dull, Deep, Earthy, Rich, Golden

내추럴한 이미지 (natural) : 자연의 색상으로 브라운과 그린계열 이미지
고저스한 이미지 (gorgeous) : 레드, 브라운계열로 고급스런 이미지
클래식한 이미지 (classic & antique) : 차분하면서 가라앉는 이미지
에스닉한 이미지 (ethnic) : 자연의 강렬한 색을 지닌 이미지

Natural Color Image

Classic Color Image

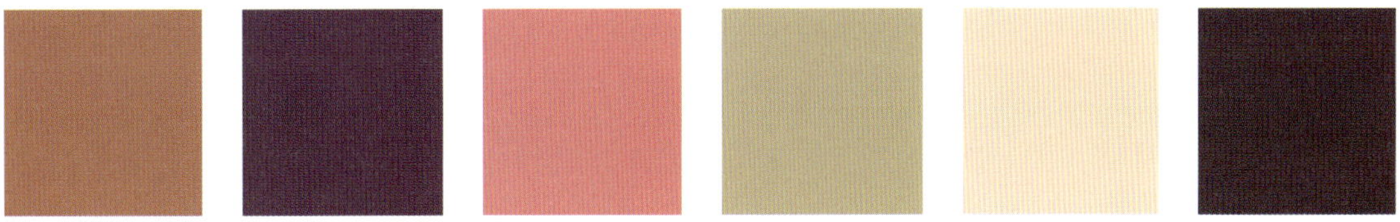

04 WINTER 특징 : Cool, Clear, Vivid, Deep, Hard, Strong, Icy Blue

모던한 이미지 (modern) : 무채색계열로 심플하고 정적인 이미지
중후한 이미지 (courtesy) : 와인계열로 견고하고 남성적인 이미지
댄디한 이미지 (dandy) : 회색계열로 격조 있고 보수적인 이미지
다이나믹한 이미지 (dynamic) : 원색과 검정배열로 강렬한 이미지

Modrn Color Image

Dandy Color Image

9. 콘트라스트(Contrast)에 따른 배색 & 스타일

1) Low contrast & Hight contrast

LOW CONTRAST

HIGHT CONTRAST

2) Skin color & Hair color

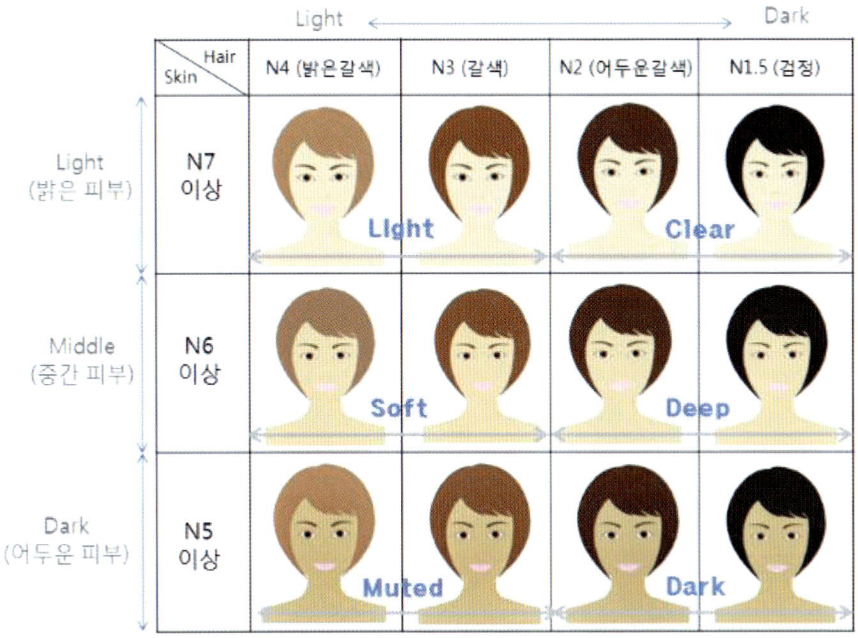

3) 색조차 1 – Low Contrast

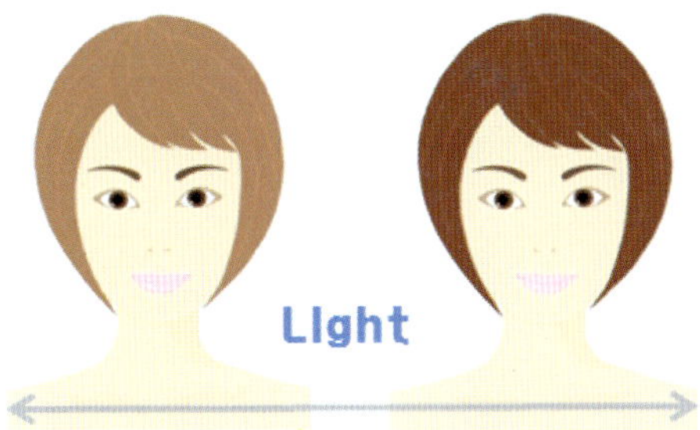

밝은 피부(N7) + 밝은 갈색(N4)

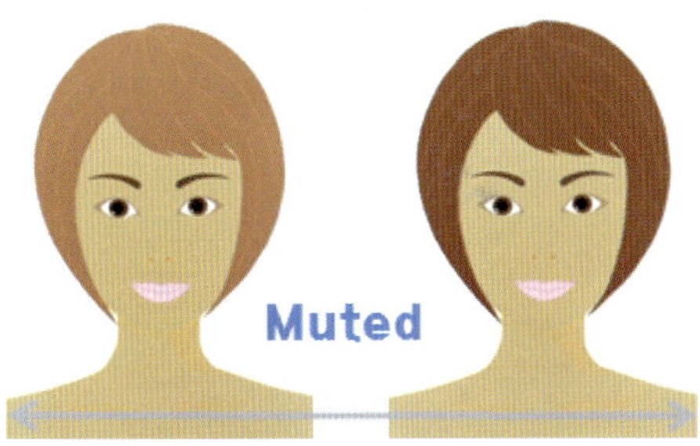

어두운 피부(N5) + 갈색(N4)

4) 색조차 2 - Medium Contrast

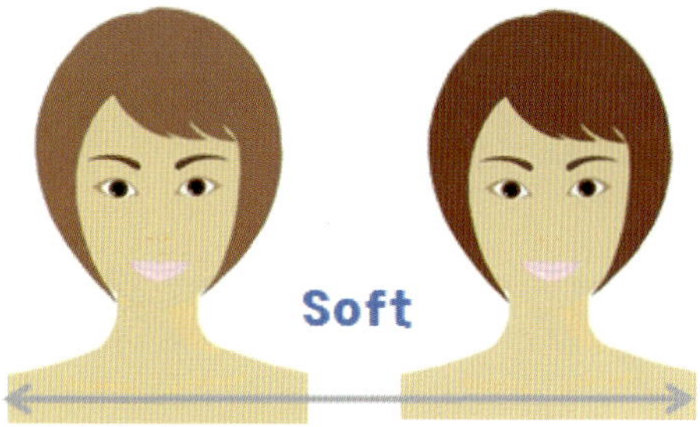

중간 피부(N6) + 갈색(N3)

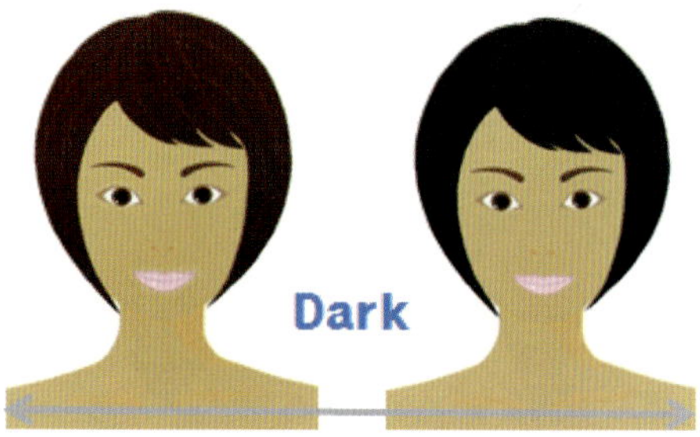

어두운 피부(N5) + 검정(N1.5)

5) 색조차 3 - High Contrast

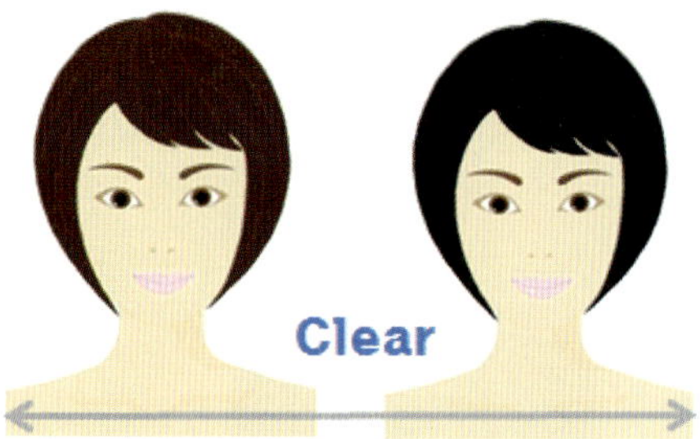

밝은 피부(N7) + 어둔 갈색(N2)

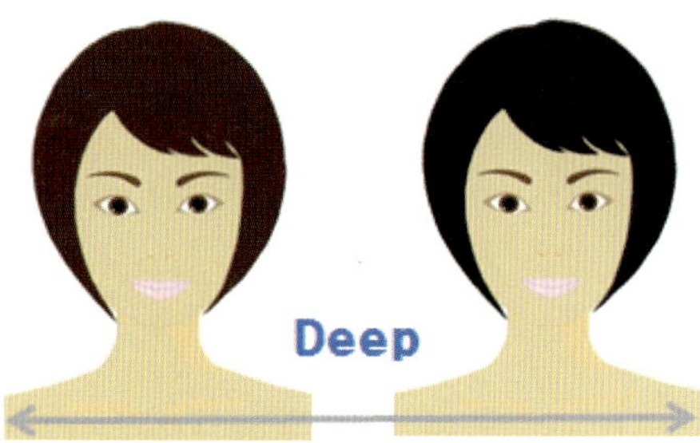

중간 피부(N6) + 검정(N1.5)

10. 색채에 의한 메이크업

1) 봄 타입 - 로맨틱, 페미닌, 큐트, 액티브 메이크업패턴

전체적인 컬러 이미지를 보면 기본적으로 노랑색이 가미된 색으로 원색이 주를 이루며 따뜻한 톤의 깨끗한 이미지로 가벼운 느낌이다. 봄의 색은 생동감과 활력이 넘치는 것으로 피부톤은 밝고 따뜻한 색으로 선명하고 투명하게 표현하고 색상표현은 깨끗함과 생동감 있게 표현한다.

메이크업 역시 강하거나 짙은 경향보다는 가벼운 느낌으로 은은하게 표현하며 봄 컬러 중 어둡거나 가라앉는 톤 보다 밝고 화사한 톤으로 표현해야 한다.

화사한 로맨틱 패턴이 잘 어울리며 짙게 표현하기보다는 깨끗하고 화사한 느낌의 피부표현과 색상은 밝은 색과 중간색을 활용하며 아이브로우와 아이라인은 너무 진하거나 강하지 않게 한다. 혈색을 주기 위해 피치 빛 핑크계열이나 오렌지계열로 볼터치를 하여 화사함을 더해 준다.

로맨틱한 이미지와 함께 액티브한 이미지도 잘 어울리므로 원색의 옐로우, 오렌지, 레드, 블루, 옐로우 그린을 활용한 포인트메이크업으로 생동감과 활력 있는 이미지를 표현한다.

전체적인 메이크업 패턴은 꾸미지 않은 순수함과 화사하며 은은한 이미지와 생기발랄한 이미지로 빛의 에너지를 담고 있는 옐로우가 가미된 그린, 오렌지, 핑크, 아쿠아 블루계열로 라이트 비비드 톤을 주로 활용한다.

어울리는 메이크업 컬러

봄 타입에게 가장 잘 어울리는 메이크업 컬러는 기본적으로 노랑색이 가미된 원색이나 중간색의 베이지색, 핑크색, 산호색, 주황색, 노란색, 연두색 등 밝고 화사한 색이 주를 이룬다. 색상 톤은 브라이트(bright)톤, 라이트(light)톤, 페일(pale)톤, 비비드(vivid)톤이 주를 이룬다.

피해야 할 메이크업 컬러

흰빛이나 푸른빛이 가미된 차가운 색으로 지나치게 어둡고 탁한 색, 검정색, 흰색, 어두운색, 은색, 청회색, 청색, 마젠타색 등의 계열과 따뜻한 계열에서도 탁하고 어두운 브라운계열이나 카키계열은 피해야 한다.

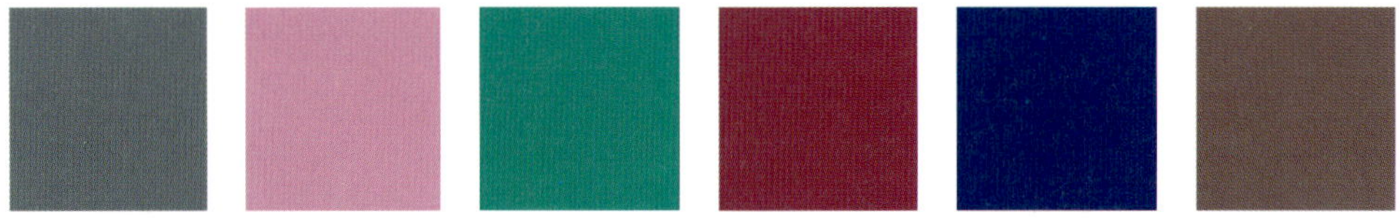

SKIN MAKE UP COLOR

파운데이션(foundation)컬러

옐로우베이스(yellow base)의 아이보리, 옐로우베이지를 활용한다. 피부 톤이 비교적 밝은 톤이므로 밝고 화사한 느낌으로 섬세하고 투명감 있게 표현하고 가벼운 리퀴드 타입으로 소량으로 여러 번 가볍게 두드려서 표현한다.

* 주의할 점 : 지나치게 두껍거나 탁하고 어둡게 표현하지 않도록 한다.

아이보리(ivory)
옐로우 베이지(yellow beige)
피치베이지(peach beige)
내추럴 베이지(natrural beige)

파우더(Powder)컬러

파우더 역시 따뜻한 색으로 파운데이션 컬러에 적합한 아이보리 파우더나 색상이 없는 투명한 파우더를 사용하고 혈색을 느끼게 하는 연 산호(peach)로 화사함을 더해준다.

* 주의할 점 : 베이지계열의 경우 색상이 짙거나 탁하게 표현되기 때문에 주의해야 한다.

투명(transparent)
아이보리(ivory)
연 산호(light peach)
내추럴베이지(natural beige)

EYE MAKE UP COLOR

아이섀도우(Eye-shadow)컬러

따뜻한 계열의 색상 중 원색이나 선명한 색을 사용하거나 부드럽고 온화한 아이보리, 피치핑크, 오렌지, 산호색, 피치, 베이지, 골드, 그린계열로 화사하게 표현한다. 단, 지나치게 색상이 선명하거나 강하게 표현하지 않아야 한다. 은은하고 섬세하게 표현하여 투명하고 화사한 이미지로 연출한다.

· 밝은색(High light color)
  – 아이보리(ivory), 라이트 골드(light gold), 페일 피치(pale peach)

· 기본색(Base color)
  – 라이트베이지(light beige), 라이트 크림(light cream), 라이트피치(peach), 내추럴베이지(natural beige)

· 중간색(Shadow color)
  – 옐로(yellow), 오렌지(orange), 클리어 아쿠아(clear aqua), 민트(mint), 옐로우그린(yellow green), 코랄 핑크(coral pink)

· 짙은색(Point color)
  – 코랄(coral), 오렌지브라운(orange brown), 아프리코트(apricot)

아이브로(Eye-brows)/마스카라(Mascara)/아이라인(Eye-liner)컬러

머리카락 색과 눈썹색상에 준하여 선택하거나 아이섀도우 색상에 따라 연출한다. 봄의 경우 검정보다 브라운 계열이 더 잘 어울리며 특정한 이미지를 연출할 때는 옐로우, 그린, 오렌지, 골드 등을 활용한다. 봄의 경우 브라운계열 중에서도 연한 색인 붉은 밤색계열이나 황갈색이 잘 어울린다.

적갈색(reddish brown)

황갈색(golden brown)

CHEEK MAKE UP COLOR

산호 빛을 지닌 핑크계열과 오렌지계열로 은은하게 표현하여 혈색 있게 표현하고 귀여운 이미지로 연출한다. 발그레하게 상기된 뺨으로 화사하고 은은하게 표현한다.

클리어 피치(clear peach)

웜 핑크(warm pink)

코랄(coral)

LIP MAKE UP COLOR

밝은 색에서 중간색으로 부드럽고 온화한 이미지로 연출한다. 오렌지계열, 주홍빛 레드, 연산호, 피치베이지계열을 사용하며 립그로스나 펄을 활용하여 촉촉함과 생기 있게 표현한다.

클리어 레드(clear red)

피치베이지(peach beige)

오렌지(orange)

피치 핑크(peach pink)

2) 여름 타입 - 파스텔, 엘레강스, 내추럴, 퓨어 메이크업패턴

여름 색상의 특징을 보면 모든 색에 흰 색과 푸른색을 지닌 색으로 부드러우면서 여성스러운 색으로 봄과 같이 짙거나 어두운 쪽보다 화사하고 부드러운 이미지를 지닌다. 메이크업패턴에 있어서 피부표현은 두께감 있게 하지 않은 대신 너무 밝은 톤보다 차분한 톤을 활용한다.

아이섀도우 색을 다양하게 활용하고 입술은 중간톤으로 자연스럽게 표현하는 것이 특징이다. 여름이미지는 크게 두 가지로 분류할 수 있다. 화사하고 화려한 파스텔 이미지와 자연스러운 내추럴이미지가 특징이다. 따라서 메이크업패턴이 무겁고 강한 이미지가 아닌 깨끗한 퓨어& 클리어 메이크업 패턴, 자연스러운 내추럴메이크업과 색상의 다양함을 주는 파스텔메이크업, 여성스럽고 성숙한 엘레강스한 메이크업패턴이 잘 어울린다. 여름타입의 메이크업 특징은 베이스는 비교적 밝게 표현하기보다 피부색을 준하여 중간 톤으로 표현하고 아이섀도우의 색상을 파스텔 색상과 펄을 사용하여 화사하게 표현하여 여성스럽고 낭만적으로 표현하며 아이라인이나 눈썹 등 라인이 강하지 않게 표현하는 것이 중요하다. 립스틱은 비교적 자연스럽게 중간색이나 연한 색으로 연출하는 것이 어울린다. 반면에 짙은 계열의 의상을 입을 경우나 포인트 메이크업을 하고자 할 경우 립스틱색상을 초콜릿 빛을 지닌 브라운 계열이나 퍼플이 가미된 와인 색으로 입술에 포인트를 주어 깨끗함을 줄 수 있다. 여름 컬러와 잘 어울리는 메이크업 패턴은 파스텔 톤의 메이크업과 엘레강스 하며 내추럴한 메이크업패턴으로 전체적인 메이크업 패턴이 강하거나 탁하게 표현하기보다 부드럽고 세련된 이미지를 연출하여 여성스러움을 표현한다.

어울리는 메이크업 컬러

여름 타입에게 가장 잘 어울리는 메이크업 컬러는 기본적으로, 전체적으로 강하지 않은 파스텔 색상으로 부드러운 청색과 흰빛이 도는 핑크색이나 로즈계열 색상을 지닌 차가운 계열이다. 즉, 화이트, 연핑크, 로즈베이지, 청보라, 연회색을 주로 활용하고 짙은 보랏빛 와인색, 초콜릿색, 짙은 청록색 등으로 포인트컬러로 활용한다. 색상 톤은 라이트(light)톤, 소프트(soft)톤, 라이트 그레이쉬(light grayish)톤이 주를 이룬다.

피해야할 메이크업 컬러

노란빛이나 황색 빛이 가미된 따뜻한 색이나 검정, 순백색, 금색, 카키, 오렌지계열 등으로 너무 선명한 원색이나 짙은 탁색은 피하는 것이 좋다.

SKIN MAKE UP COLOR

파운데이션(foundation)컬러

피부표현은 두껍게 하거나 밝게 표현하기보다 자연스럽게 표현하는 것이 효과적이며 리퀴드 타입이나 크림타입을 소량으로 여러 번 두드리면서 자연스럽게 표현하고 색상은 피부색에 준한 로즈베이지 색이나 내추럴베이지계열로 밝지 않은 톤을 선택한다.

* 주의할 점 : 여름타입의 피부색이 붉은 색소를 지니고 있기에 지나치게 붉은 색은 피하며, 노르스름한 계열을 사용할 경우 피부색이 떠 보이고 칙칙하게 표현이 되기에 주의해야 한다.

쿨 베이지(cool beige)
핑크베이지(pink beige)
로즈베이지(rose beige)
내추럴베이지(natural beige)

파우더(Powder)컬러

내추럴베이지와 라이트핑크, 라이트블루색 파우더를 활용하여 자연스럽게 표현한다. 이때 지나 친 노르스름한 웜베이지나 오렌지계열의 파우더는 피하는 것이 좋다.

* 주의할 점 : 화이트파우더를 사용할 경우 기존의 파우더와 혼합하여 사용한다. 왜냐하면 지나치게 밝은 톤은 오히려 들 떠 보일 수 있으므로 주의해야한다.

라이트 핑크(light pink)
라이트 블루(light blue)
베이지(beige)
내추럴베이지(natural beige)

EYE MAKE UP COLOR

아이섀도우(Eye-shadow)컬러

여름타입의 패턴은 중간 톤으로 다양한 색을 활용하는 것이 특징이다. 즉, 파스텔 톤의 연 핑크계열이나 연 블루계열, 연 그레이, 청회색, 청블루, 보라계열 등 화사하게 중간 톤을 주로하며, 기본적으로 화이트나 실버 펄을 가미하여 표현하고 연하게 그라데이션하여 표현한다.

· 밝은색(High light color)
 - 오프화이트(off-white), 페일블루(pale blue), 페일핑크(pale pink)

· 기본색(Base color)
 - 핑크베이지(pink beige), 내추럴베이지(natural beige), 라이트핑크(light pink), 라이트 라벤다(light lavender)

· 중간색(Shadow color)
 - 로즈(rose), 아쿠아블루(aqua blue), 쿨그레이(cool gray), 로즈베이지(rose beige), 핑크(pink), 라일락(lilac)

· 짙은색(Point color)
 - 로즈브라운(rose brown), 딥퍼플(deep purple), 블루그레이(blue gray), 코코아베이지(cocoa beige), 초코브라운(choco brown)

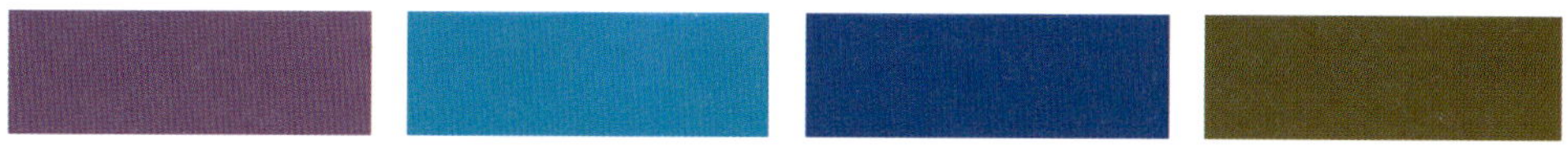

아이브로(Eye-brows)/마스카라(Mascara)/아이라인(Eye-liner)컬러

머리카락 색과 눈썹색상에 준하여 선택하거나 아이섀도우를 색상에 따라 연출한다. 여름의 경우 검정이나 회색, 회갈색 등을 활용하고 특정한 이미지를 연출할 때는 블루, 퍼플 계열을 활용한다. 여름의 경우 지나치게 강하게 표현하기보다 자연스러운 톤으로 눈매를 표현한다.

회색(gray) 회갈색(gray brown) 검정색(black)

CHEEK MAKE UP COLOR

여름타입은 자연스러운 내추럴 베이지, 코코아 베이지 계열로 표현하고 혈색 있게 연 핑크 계열이나 로즈계열로 표현한다.

연 핑크(light pink)

로즈(rose)

코코아 베이지(cocoa beige)

LIP MAKE UP COLOR

아이섀도우의 색상이 화려하고 다양하기에 립스틱을 짙게 표현하는 것 보다 중간색계열로 자연스럽고 연하게 표현하여 여성스러운 이미지를 연출한다.

버건디(burgundy)

로즈베이지(rose beige)

로즈베이지(rose beige)

핑크베이지(pink beige)

3) 가을 타입 - 내추럴, 에스닉, 클래식, 스모키 메이크업패턴

가을 색상은 기본적으로 따뜻한 계열로 황색과 노랑색을 지닌 자연의 색이 주를 이룬다. 봄의 색보다는 차분하면서 이지적인 이미지와 내추럴한 분위기로 연출한다. 전체적인 분위기는 밝고 화사함보다 차분하고 가라앉는 짙은 계열로 깊이감과 풍부한 색감으로 여성스러움에 성숙함을 느낄 수 있는 색상이다.

메이크업패턴은 전체적으로 차분하면서 자연스럽게 하되 깊이감 있는 색조화장이 잘 어울린다. 색상 역시 봄 타입보다는 짙은 계열을 사용하거나 포인트를 주어 뚜렷하게 표현하는 것이 효과적이므로 색상 표현에 있어 단계적으로 그윽하고 분위기 있는 패턴으로 표현한다.

가을색상이 비교적 황색을 가미한 가라앉는 톤으로 피부표현에 있어서도 너무 밝게 표현하면 다른 색상과의 톤이 맞지 않기에 라이트한 톤은 피하는 것이 효과적이다. 그러나 지나치게 차분하고 가라앉는 색상위주로 표현하면 자칫 칙칙하고 탁하게 표현될 수 있으므로 적절하게 강약을 주어 깊이감 있게 표현한다. 또한 두께감에 있어서도 너무 얇게 표현하기보다 적당량의 두께감으로 피부색조를 표현하는 것이 효과적이다.

가을 메이크업은 전체적으로 색상 톤이 연결되는 자연스러운 그라데이션이 중요하므로 아이섀도우와 립스틱, 치크 등의 색상이 어느 한쪽으로 치우치는 포인트메이크업보다 전체적으로 색상의 톤을 맞추는 것이 효과적이다. 전체적으로 가을 컬러의 이미지 메이크업 패턴은 내추럴 메이크업과 에스닉, 클래식 메이크업패턴이 주를 이루게 된다.

어울리는 메이크업 컬러

가을 타입에게 가장 잘 어울리는 메이크업 컬러는 기본적으로 황색이 가미된 색으로 베이지, 핑크베이지, 코랄, 브라운, 카키, 골드, 그린, 골든 브라운 등으로 차분하면서 가라앉는 색이 주를 이룬다. 색상 톤으로는 스트롱(strong)톤, 딥(deep)톤, 그레이쉬(grayish)톤, 덜(dull)톤이 주를 이룬다.

피해야 할 메이크업 컬러

흰빛과 푸른빛이 가미된 색으로 흰색, 너무 반사되면서 선명한 색, 블루, 그레이블루, 마젠타, 연핑크, 실버, 청보라 등으로 지나치게 선명하고 밝은 색은 피해야 한다.

SKIN MAKE UP COLOR

파운데이션(foundation)컬러

옐로우베이스(yellow base)의 아이보리, 웜베이지, 내추럴베이지계열로 봄보다는 짙은 톤이다. 차분한 베이지계열이나 산호계열로 자연스럽게 표현한다. 다른 계절에 비해 두께감 있게 표현하는 타입으로 크림타입이나 스틱타입으로 얇게 표현하여 골고루 피부 톤을 고르게 표현한다.

* 주의할 점: 너무 밝고 붉게 표현하거나 어둡게 표현하지 않도록 하며 지나친 노르스름한 색은 오히려 혈색 없고 탁하게 표현되므로 주의해야 한다.

웜 베이지(warm beige)
피치베이지(peach beige)
내추럴베이지(natural beige)
골든베이지(golden beige)

파우더(Powder)컬러

피부표현을 차분하면서 입체감 있게 표현하기 위해 아이보리파우더, 연산호파우더, 내추럴파우더, 아프리코트를 단계적으로 입체감 있게 표현한다.

* 주의할 점 : 화이트나 핑크계열은 피부 톤이 맞지 않으므로 피하고 파우더 양이 많으면 탁하게 표현되기에 적당량으로 골고루 펴 바른다.

아이보리(ivory)
피치(peach)
내추럴베이지(natural beige)
아프리코트(apricot)

EYE MAKE UP COLOR

아이섀도우(Eye-shadow)컬러

자연색으로 깊이감 있게 표현하여 그윽한 눈매를 연출한다. 오렌지계열이나 브라운계열, 그린계열이 주요색으로 아이보리계열, 연 베이지계열, 라이트 옐로우 계열과 혼합하여 자연스럽게 표현하되 깊이 있게 단계적으로 색상을 활용하여 표현한다.

· 밝은색(Hight light color)
 – 아이보리(ivory), 라이트골드(light golden), 크림(cream)

· 기본색(Base color)
 – 베이지(beige), 내추럴베이지(natural beige), 골든베이지(golden beige), 코랄베이지(coral beige)

· 중간색(Shadow color)
 – 딥피치(deep peach), 카멜(camel), 골든(golden), 카키(khaki), 골든브라운(golden brown), 웜그레이(warm gray)

· 짙은색(Point color)
 – 레드브라운(red brown), 다크브라운(dark brown), 아프리코트(apricot), 다크그린(dark green), 올리브그린(olive green)

아이브로(Eye-brows)/마스카라(Mascara)/아이라인(Eye-liner)컬러

머리카락 색과 눈썹 색상 중에 준하여 선택하거나 아이섀도우 색상에 따라 연출한다. 가을의 경우 봄보다는 짙은 계열로 브라운 계열 중 흑갈색, 적갈색이 잘 어울린다.

적갈색(reddish brown)　　흑갈색(brown black)

CHEEK MAKE UP COLOR

혈색 있으면서 입체감 있게 표현하며 지나치게 붉게 표현하지 않는다. 색상은 베이지계열이나 산호계열이나 브라운계열로 자연스럽게 표현한다.

살몬 핑크(salmon pink)

코랄 베이지(coral beige)

딥피치(deep peach)

LIP MAKE UP COLOR

중간색이나 짙은 색으로 뚜렷한 입매를 표현하는 것이 효과적이며 산호계열이나 핑크베이지, 밤색계열, 브라운계열이나 레드계열에 브라운이 가미된 색상이 잘 어울린다. 주의할 점은 너무 밝은 색이나 지나치게 어둡고 탁한 브라운계열은 피하는 것이 효과적이다.

레드브라운(red brown)

브라운(brown)

내추럴베이지(natural beige)

코랄 베이지(coral beige)

4) 겨울 타입 - 모던, 섹시 & 럭셔리, 원 포인트 메이크업패턴

겨울 색상을 보면 기본적으로 푸른빛을 가지고 있으며 짙고 어두운 색으로 선명하면서 강한 편이다. 겨울 컬러 특성상 화사함과 부드러움보다는 강함과 차분한 면이 있으며 절제된 이미지를 가지고 있다. 강한 대비에 선명한 느낌으로 모던 하면서 절제된 이지적인 느낌으로 표현한다.

메이크업패턴으로는 심플하고 단아한 스타일로 원 포인트(one-point) 패턴이나 강한 색상으로 뚜렷한 이미지의 패턴이 잘 어울리므로 색상을 사용할 때 라이트 한 계열과 짙은 계열을 함께 활용하는 것이 효과적이다. 피부 톤은 밝고 화사한 톤으로 하되 눈썹은 정확하게 머리색상과 같은 계열로 그려주고 눈매나 입술라인은 뚜렷한 것이 효과적이다. 이때 눈매와 입술 중 한 곳에 포인트를 주며 볼 터치는 강하게 표현하는 것 보다 자연스럽게 하는 것이 효과적이며 입술은 누드계열의 밝은 톤이나 짙은 레드나 와인, 퍼플 계열이 잘 어울린다. 겨울메이크업의 포인트는 선과 색상이 뚜렷하며 색상의 단계가 지나치게 여러 단계로 표현하는 것은 어울리지 않는 패턴으로 간결한 것이 효과적이다. 겨울타입의 메이크업 패턴의 중점은 라인을 뚜렷하게 표현하고 아이섀도우보다 립스틱 색상을 강하게 표현하는 것이 특징이다. 따라서 주요 메이크업패턴은 원 포인트메이크업과 모던한 메이크업 패턴으로 연출하는 것이 효과적이다. 반면에 스노우 화이트닝(snow whitening) 메이크업 패턴으로 얼음처럼 창백하고 샤이닝한 패턴 역시 겨울이미지를 지니고 있으므로 겨울타입에 속한다.

어울리는 메이크업 컬러

겨울 타입에게 가장 잘 어울리는 메이크업 컬러는 기본적으로 푸른빛을 가진 색으로 선명한 색상이 주를 이룬다. 블랙&화이트, 네이비블루, 마젠타, 트루레드, 와인, 청보라 등으로 선명하고 강한 색이다. 색상 톤은 페일(pale)톤, 비비드(vivid)톤, 다크(dark)톤, 다크 그레이쉬(dark grayish)톤이 주를 이룬다.

피해야 할 메이크업 컬러

노랑색과 황색을 지닌 색으로 파스텔 톤이나 카키, 브라운, 회색이 가미된 저채도의 색으로 탁하고 흐린 색은 피하는 것이 좋다.

SKIN MAKE UP COLOR

파운데이션(foundation)컬러

지나치게 내추럴한 것 보다 어느 정도 피부표현을 하며, 피부색이 흰 편이므로 어둡게 표현하는 것은 피하고 피부 톤을 고르게 펴 바를 정도로 두께감 있게 표현한다. 페일 베이지와 핑크베이지 등으로 비교적 밝고 화사하게 표현한다.

페일베이지(pale beige)
핑크베이지(pink beige)
쿨 베이지(cool beige)
로즈베이지(rose beige)

파우더(Powder)컬러

투명파우더, 연 핑크파우더, 연보라파우더, 코코넛파우더계열로 하며 T존이나 중앙부위에 화이트파우더를 활용한다. 투명감 있게 파우더를 소량으로 여러 번 골고루 섬세하게 표현하여 번들거리지 않게 표현한다.

화이트(white)
라이트 핑크(light pink)
라이트 퍼플(light purple)
로즈 베이지(rose beige)

EYE MAKE UP COLOR

아이섀도우(Eye-shadow)컬러

모던하고 심플한 이미지로 화이트나 실버를 활용하면서 회색계열이나 청보라, 와인, 퍼플계열, 블랙 등이 잘 어울린다. 아이섀도우는 연하게 한톤으로 표현하거나 밝고 어두움을 정확하게 깊이감 있게 표현하여 눈매를 뚜렷하게 강조하는 것이 효과적이다.

· 밝은색(High light color)
 – 화이트(white), 라이트실버(light silver), 페일그레이(pale gray), 페일블루(pale blue)

· 기본색(Base color)
 – 핑크베이지(pink beige), 로즈베이지(rose beige), 쿨그레이(cool gray)

· 중간색(Shadow color)
 – 마젠타(magenta), 퍼플(purple), 블루그레이(blue gray), 블루그린(blue green)

· 짙은색(Point color)
 – 블랙&화이트(black&white), 다크브라운(dark brown), 네이비(navy), 딥퍼플(deep purple), 와인(wine), 스모키그레이(smoky gray)

아이브로(Eye-brows)/마스카라(Mascara)/아이라인(Eye-liner)컬러

눈매를 또렷하고 강하게 표현하여 이미지를 모던하게 연출한다. 기본적으로 차가운 색으로 검정과 다크블루, 진회색을 활용한다.

블랙(black) 다크 그레이(dark gray) 다크 블루(dark blue)

CHEEK MAKE UP COLOR

겨울타입은 치크를 강하게 표현하지 않고 은은하게 자연스럽게 표현한다. 지나치게 표현할 경우 겨울의 심플하고 깨끗한 이미지에 맞지 않기 때문이다. 핑크계열이나 베이지 계열로 표현하되 강조하지 않는 것이 효과적이므로 자연스럽게 표현한다.

페일 핑크(pail pink)

로즈베이지(rose beige)

코코아베이지(cocoa beige)

LIP MAKE UP COLOR

겨울타입의 경우 입술에 포인트를 주는 타입으로 색상은 비교적 짙은 계열을 활용한다. 눈을 강조할 때는 누드핑크계열로 연출하고 입술을 강조할 때는 푸른빛의 레드 계열이나 와인계열로 입술을 강조하는 것이 효과적이다. 원 포인트(one-point) 메이크업이 효과적이다.

트루레드(true red)

버건디(burgundy)

와인(wine)

마젠타(magenta)

제 3 장

메이크업의 기본요소

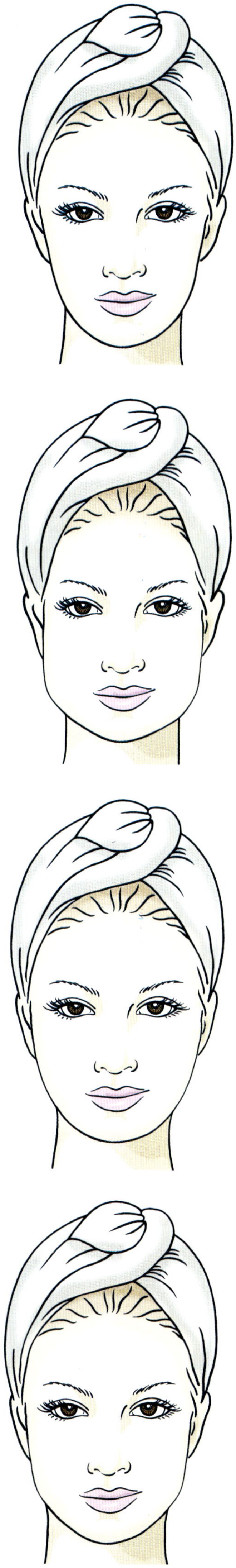

제3장 메이크업의 기본요소

1. 얼굴의 프로포션

얼굴에 있어서 기본형은 우선 정면의 경우 계란형으로 윤곽을 그리고 폭을 2등분, 길이를 4등분해서 눈, 코, 입의 위치를 결정한다. 단순히 둥근 얼굴, 사각형 얼굴, 긴 얼굴형뿐만 아니라 혼합형의 모델들이 의외로 많으므로 그에 따른 메이크업 계획이 필요하다. 따라서 메이크업의 시술과정에서 우리가 생각하는 기본적인 이상형에 가깝게 하는 것이 바람직한 메이크업 테크닉이라 할 수 있다.

2. 여러 가지 얼굴형

1 기본형

2 긴 형

4 사각형

5 역삼각형

3 삼각형

6 둥근형

(1) 기본형

가장 이상적인 얼굴형으로 메이크업 시 기본형에 가깝도록 메이크업한다.

(2) 긴형

얼굴 3등분의 넓이는 거의 동일하며 전체적으로는 길쭉한 얼굴형이다. 긴얼굴형은 대부분 이마나 턱이 발달해 있으며 코가 긴 편이다.

(3) 삼각형

이마가 좁은 편이며, 아래턱이 발달해 각이져 보인다. 전체적으로 보았을 때 고집이 세보이는 단점이 있으며, 여성적인 느낌보다는 남성적인 느낌이 더 든다.

(4) 사각형

사각형 얼굴은 3등분하면 넓이가 거의 같아 보인다. 헤어라인은 수평을 이루고 있으며, 양쪽 턱은 각이 있어 돌출되어 보인다. 따라서 사각형은 이마와 턱은 직선으로 연결되어 전체적인 얼굴형은 짧으며, 얼굴의 넓이와 길이가 거의 동등하다.

(5) 역삼각형

역삼각형의 얼굴은 윗부분 이미가 넓으며 아래턱 부분이 좁고, 뾰족한 선으로 이루어져 있다. 또한 헤어라인 부분은 수평을 이루고 있으며 얼굴면적보다 길이가 짧게 느껴지는 얼굴형이다.

(6) 둥근형

전반적으로 얼굴 전체가 약간 살이 찐 것 같은 형으로 통통한 느낌이 든다. 헤어라인은 둥글며 양턱은 각이 없고 곡선형으로 이루어져 있다. 따라서 둥근형은 얼굴 길이보다 넓이가 더 넓어 보인다.

3. 얼굴의 분석

1) 각 부위별 명칭

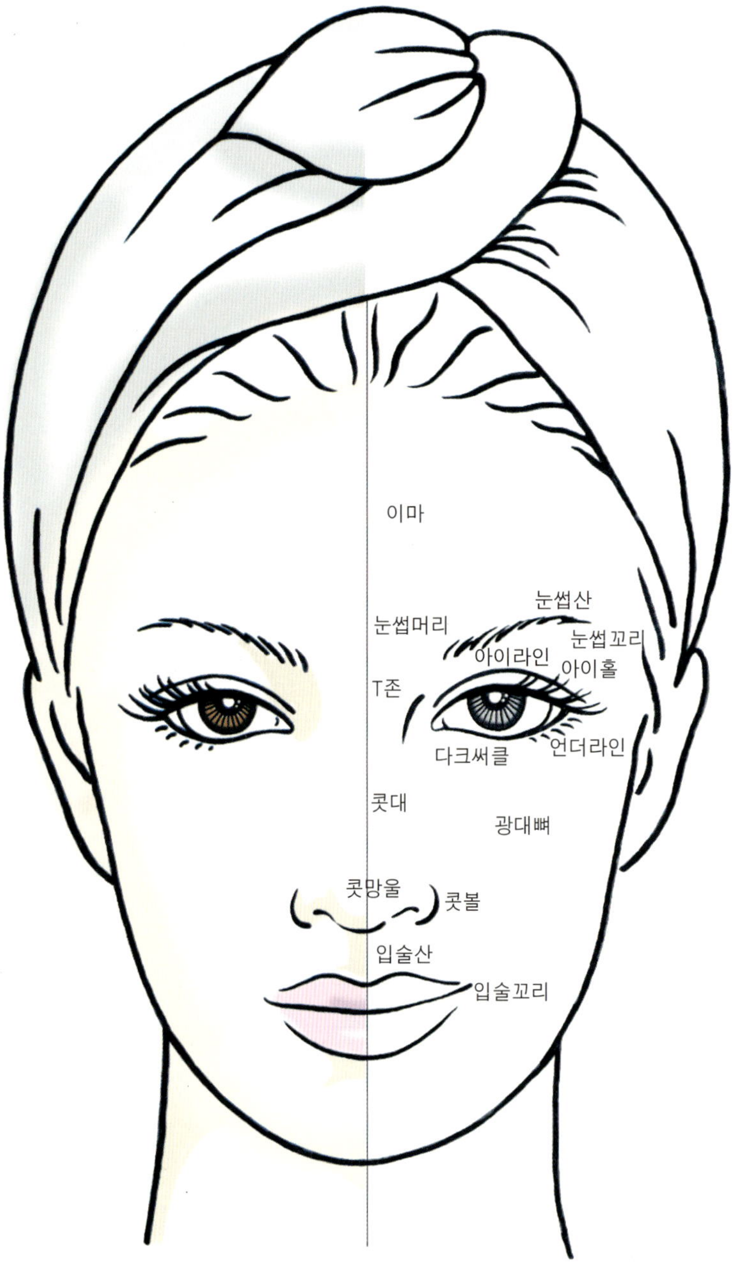

2) 이상적인 얼굴의 비율

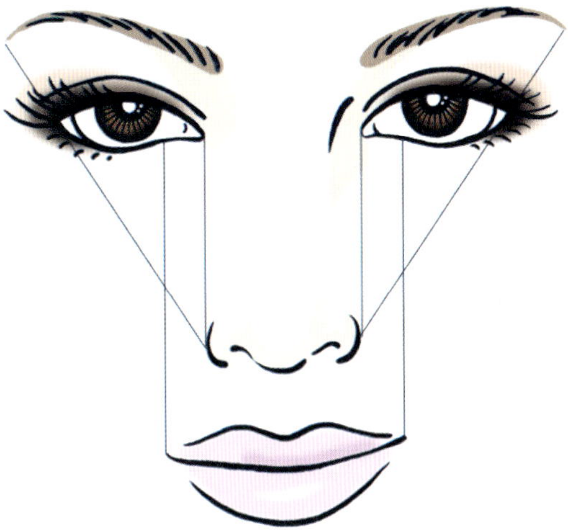

(1) 윗 헤어라인에서 눈썹, 눈썹에서 코끝, 코끝에서 턱 끝까지는 등간이다(3등분).
(2) 옆 헤어라인에서 눈 꼬리, 눈 꼬리에서 눈머리, 양미간의 거리, 눈머리에서 눈 꼬리, 다시 옆 헤어라인까지는 등간이다(5등분).
(3) 콧볼에서 눈 꼬리의 연장선이 눈썹꼬리이며, 눈썹 전체길이의 2/3지점에 눈썹 산이 위치한다.
(4) 양미간의 거리를 수직으로 내리면 양쪽 콧볼의 넓이와 같다.
(5) 입술 길이는 양쪽눈동자 앞쪽의 수직연장선에 위치하며 윗입술과 아랫입술의 두께비율은 1:1.5이다.

4. 분할법

계란형의 이상적인 얼굴형을 표현하고 얼굴형의 단점을 보완하기 위하여 얼굴이 긴형은 가로분할법을, 짧고 넓은형의 얼굴에는 세로분할법을 사용하여 T존, 눈썹, 눈, 코, 턱, 볼 등을 정리하여 준다.

1) 가로분할법

(1) 헤어라인에서 눈썹에 이르는 부분은 피부톤보다 1~2톤 밝은 파운데이션으로 가로로 넓게 펼쳐준다.
(2) 눈썹 앞머리에서 콧대는 짧게 하이라이트 처리한다.
(3) 눈썹은 상승형이 되지 않도록 하며 다소 두껍게 처리하고 기본형 혹은 스트레이트형으로 가로터치 한다.
(4) 눈 밑 U존 부위는 가로로 다소 넓게 하이라이트 처리한다.
(5) 턱 부분은 하이라이트가 강하게 처리되지 않도록 가로방향으로 넓고 엷게 펼쳐준다.
(6) 볼은 가로방향으로 터치한다.

2) 세로분할법

(1) 헤어라인에서 눈썹에 이르는 부분은 피부 톤보다 1~2톤 밝은 파운데이션으로 세로로 넓게 펼쳐준다.
(2) 눈썹 앞머리에서 콧망울까지 1~2톤 밝은 파운데이션으로 다소 길게 그라데이션 시킨다.
(3) 눈썹은 상승형이 적합하다.
(4) 턱부분은 전체적으로 넓은 면적에 하이라이트 처리하여 얼굴이 길어보이도록 한다.
(5) 볼은 세로로 터치하여 전체적으로 길어 보이도록 한다.

5. 하이라이트(Highlight)와 섀도우(Shadow)

1) 하이라이트(Highlight) 표현

하이라이트는 특정 신체부위를 들어 나게 만들거나 하이라이트를 바른 주위의 부분을 들어가게 만드는데 효과적이다. 따라서 하이라이트의 색상은 보통 베이스 색상보다 약 1단계정도 밝은 색상을 사용하게 된다.

하이라이트는 베이스 색상에 밝은 색상을 첨가하여 만드는데 피부색이 아주 밝은 경우에는 흰색을 적당량 혼합하여 만들고 약간 어두운 색상의 피부는 밝은 노랑색을 첨가하여 만든다. 주로 T존 부위, 눈 밑의 다크써클, 턱 부분을 하이라이트 처리한다.

2) 쉐딩(Shading) 표현

쉐딩을 만들기 위해서는 미리 만들어 둔 베이스 색상에다 적갈색과 같은 어두운 색상을 소량 더 첨가한다. 만일 피부가 어두운 경우에는 아주 약간의 자주색이나 푸른색을 가미할 수도 있다. 쉐딩 색상을 혼합 한 후 모델의 볼 뼈 아랫부분에 브러시로 살짝 선을 그어서 모델의 피부색과 어울리는지를 확인해 본 다음 가볍게 두드리면서 펼쳐준다.

쉐딩의 색상이 너무 밝아서 베이스 속으로 사라져 구분이 안 될 경우에는 좀 더 어두운 색상을 혼합 하면 된다. 쉐딩의 적절한 명도는 2~3m 떨어진 곳에서 베이스 위에 있는 음영이 발견되는 정도가 적당하다. 해당 부위는 턱, 넓은 이마, 헤어라인, 얼굴윤곽정리, 넓은 코 등이다.

6. 얼굴형에 따른 수정메이크업

1) 둥근형

한국인의 일반적인 얼굴형으로, 전체적으로 얼굴 윤곽이 둥글며 이마는 폭이 좁고 낮다. 통통한 느낌이 들며 얼굴 길이가 짧아 보인다. 곡선이 강조되는 얼굴형으로 특히 헤어라인 옆 부분이 둥글며 눈, 코, 입 등도 대체로 둥글다.

수정 메이크업

둥근형은 이미지가 부드러워 보일 수는 있으나 평면적이 되기 쉬우므로 쉐딩 처리를 통하여 입체감을 주도록 한다. 둥근 느낌을 강조하지 말고 세로의 길이를 강조하는 느낌으로 쉐딩을 한다. 둥근 얼굴이 갖는 단점에서 벗어나려면 난색보다는 한색이 적합하다.

(1) 피부 : 피부색은 희고 곱게 표현하고 코가 길어 보이도록 하이라이트를 주며 얼굴 중심부분에서 외곽으로 갈수록 차츰 섀도우를 어둡게 그라데이션하여 얼굴 전체가 갸름하고 입체적으로 보이도록 표현한다.

(2) 눈썹 : 짙은 회색이나 밤색으로 눈썹 산 부분을 각지게 상승형으로 그린다.

(3) 눈 : 따뜻하고 엷은 색으로 눈두덩이에 펼쳐 바르고 쌍꺼풀 부위는 진한 색으로 덧칠한다. 섀도우는 눈 꼬리 쪽이 강하게 표현 되도록 하고 처지지 않도록 한다. 아이라인은 짙은 브라운이나 검정 펜슬로 위아래를 확실하게 그려주고 마스카라를 짙게 쓸어준다.

(4) 입술 : 입술 산이 약간 각지도록 그려주며 윗입술이나 아래 입술 선이 너무 둥글어지지 않도록 한다.

(5) 볼 터치 : 귀 위 부분에서 구각 보다 약간 위쪽을 향하여 세로로 길게 발라준다.

2) 사각형

전체적으로 얼굴에 비해 폭이 넓으므로 평면적인 느낌을 준다. 광대뼈는 대부분 얼굴중앙에 위치하고 직선이 강조된 얼굴형으로 턱뼈가 나온 형이다. 의지가 있어 보이고 건강해 보이며 신뢰감이 느껴지나 여성스러운 이미지가 결여되어 있다.

수정 메이크업

(1) 피부 : 건강한 피부색 표현에 중점을 둔다. 턱이 각진 부분만 어두운 색으로 발라주고 중앙 부분은 밝은 색으로 처리한다. 수정부분의 어두운 색상을 바를 때에는 볼 화장과 겹치지 않도록 주의한다.

(2) 눈썹 : 눈썹은 둥글게 하여 완만한 느낌이 들도록 하고 눈썹의 간격을 약간 벌어지게 그려도 좋다.

(3) 눈 : 눈썹꼬리와 직선이 되도록 하며 눈 꼬리 쪽을 강조하여 약간 치켜 올리듯 한다.

(4) 입술 : 입술화장은 폭을 넓게 하여 볼륨을 주고 길이는 다소 짧게 한다.

(5) 볼 터치 : 입술 끝에서 귀를 향해 폭 넓게 바른다. 둥근 느낌이 들도록 치크 컬러로 다소 길게 그린다.

3) 긴형

전체적으로 얼굴 선이 긴 형으로 마른 형에서 많이 볼 수 있다. 조용하고 성숙한 느낌을 주며 우아하면서도 인자한 느낌과 동시에 우울한 느낌을 주지만 이로 인해 나이가 들어 보이는 단점이 있다.

수정 메이크업

(1) 피부 : T존 부위의 하이라이트는 가로는 길게, 세로는 적은 면적으로 처리하며, 코 부분의 하이라이트는 특히 짧게 표현하도록 한다. 이마와 턱 부분에 섀도우를 주어 얼굴이 짧아 보이도록 한다.

(2) 눈썹 : 일자형으로 그려 가로의 이미지를 느낄 수 있게 하며 검은 색 보다는 진한 갈색으로 한다.

(3) 눈 : 연한 색으로 베이스를 칠 한 뒤 눈이 좀 더 넓어 보이도록 짙은 색의 섀도우를 뒷 꼬리 쪽에 바른다.

(4) 입술 : 부드러운 느낌의 곡선형이 좋지만 너무 둥글거나 크게 그리지 않도록 하며 가로선의 느낌으로 그린다.

(5) 볼 터치 : 갈색 톤이나 핑크색 톤으로 광대뼈를 중심으로 가로로 넓게 바른다. 전체적으로 가로의 느낌으로 한다.

4) 역 삼각형

아시아인에게 많은 형으로 이마는 넓고 튀어 나왔으며 귀밑부분부터 턱 뼈까지 삼각으로 뾰족하다. 내추럴 메이크업은 소녀의 이미지를 짙은 메이크업은 모던한 이미지를 준다.

수정 메이크업

얼굴 아랫부분을 풍성하게 연출하여 뾰족한 이미지를 탈피한다.

(1) 피부 : T존과 눈 밑에 하이라이트를 주고 이마 양옆과 턱에 섀도우를 준다.

(2) 눈썹 : 진회색으로 눈썹길이의 1/2부분에 눈썹 산을 그리거나 눈썹 산을 둥글게 처리한다. 눈썹이 치켜 올라가지 않도록 옆으로 그려준다.

(3) 눈 : 베이지컬러로 눈두덩이에 펼쳐 준 후 중간 베이지를 위 눈꺼풀에 직선의 느낌으로 칠해준다. 초콜릿색이나 짙은 보라색으로 엑센트를 준다.

(4) 입술 : 길이와 넓이를 늘려 그려서 입술이 좁아 보이지 않도록 한다.

(5) 치크 : 광대뼈 약간 위쪽의 눈동자 바깥부분부터 좁게 발라준다. 사선이 되면 얼굴 밑이 좁아 보이므로 코끝을 향하도록 한다.

5) 삼각형

이마가 좁고 턱선이 넓은 형으로 양 볼에 살이 많거나 턱뼈가 나온 형에서 볼 수 있다. 안정감이 있는 형으로 차분하고 풍만한 이미지를 주지만 선호되는 얼굴형은 아니다.

제안 1 : 윤곽을 매끈하게 하여 온화하고 풍만한 얼굴형으로 꾸민다. 본래의 얼굴에서 개성을 찾고 얼굴과 목이 연결되도록 부드럽고 매끈하게 처리한다.

제안 2 : 양쪽 턱 부분을 다소 어둡게 처리하여 면적을 줄이고 곡선형으로 처리한다.

수정 메이크업

(1) 피부 : T존 부위에 넓게 하이라이트를 주며 이마 끝부분과 양쪽 턱 부분에 섀도우를 준다.

(2) 눈썹 : 가로로 표현하고 너무 눈썹이 가늘지 않도록 풍성하게 처리한다.

(3) 눈 : 눈 꼬리부분에 포인트를 주어 얼굴 윗부분이 넓어 보이도록 한다.

(4) 입술 : 너무 두껍게 표현하지 않으며 입술 산이 각지지 않게 한다.

(5) 치크 : 수평처리 한다.

제 4 장

메이크업 제품 및 도구

제4장
메이크업 제품 및 도구

보건복지부 기준에 의한 화장품의 분류를 보면, 어린이용 제품류, 목욕용 제품류, 눈 화장용 제품류, 방향용 제품류, 두발용 제품류, 염모용 제품류, 메이크업 제품류, 매니큐어용 제품류, 면도용 제품류, 기초화장품 제품류, 일소방지용 제품류의 11개 항목으로 분류를 하여, 눈화장용 제품과 메이크업 제품을 구별하고 있다. 화장품의 일반적인 분류에서 색조화장품은 피부에 사용하는 화장품 중 기초화장품을 제외한 색조용 화장품을 말하며 파운데이션, 파우더, 색조용품, 손톱용 화장품을 포괄한다.

메이크업제품은 인체에 직접 도포하는 것이니만큼 인체에 해가 없어야 한다. 다양한 메이크업 제품 중 인체에 안전하고 메이크업 테마에 적합한 유형과 색상을 파악 후 선택해야 한다.

화장품의 유효기간

메이크업 시 도구의 청결과 적당한 제품의 구비는 매우 중요하다. 특히 화장품의 경우 보관방법이나 사용방법에 따라서 다소 차이가 있기는 하지만 각각 유효기간을 가지고 있다. 이를 넘긴 제품을 사용하는 것은 피부에 해를 줄 수 있고, 원하는 메이크업의 표현이 되지 않는 원인이 되기도 한다.

- 파운데이션 : 1~2년
- 컨실러 : 1년
- 파우더류(파우더, 아이섀도우, 블러셔) : 2년
- 크림류(아이섀도우, 블러셔, 기초화장품) : 1년
- 마스카라 : 3~6개월
- 립스틱 : 1~2년

1. 피부표현(Base make up)제품

1) 기초 제품들

(1) 스킨

액상타입으로 피부를 소독하거나 진정하는 기능을 하며 아래와 같이 분류한다.

· 스킨로션 : 화장수의 가장 일반적인 명칭
· 스킨 소프너 : 유연화장수 = 피부를 부드럽게 하는 화장수
· 스킨토너 : 수렴화장수 = 피부를 강하고 탄력 있게 하는 화장수
· 아스트린젠트 : 모공을 조여주고 피부를 긴장시켜주는 화장수
· 스킨 프레쉬너 : 약산성화장수 = 피부를 신선하게 하는 화장수
· 수딩로션 : 민감성 피부를 가라앉히는 역할 = 붉어지는 증상 완화용 화장수
· 하이드로액티브 로션 : 피부를 촉촉하게 하는 보습 화장수 / 하이드로 = 물을 의미
· 로션 : 보습기능을 주로 하며, 유분의 함량에 따라 10~30%까지 다양하다.

(2) 크림

로션보다 유분의 함량이 더 많아지는 제품군이다.

· 수분크림 : 모이스춰크림이라고도 하며, 수분함량이 많다고 하는데 유분의 함량이 비교적 적은 제품으로 유분함량이 10~20%이다.
· 재생크림 : 일반크림에 피부 재생기능이 있는 물질을 첨부한 크림이다. 일반적으로 기능성크림으로 분류된 경우가 많다.
· 영양크림 : 나이트크림류가 여기에 들어가는데 유분의 함량이 상당히 높다. 유분함량이 30~50%까지 들어가며, 유분크림이라고 하는 것이 더 어울린다.
· 아이크림 : 눈가 전용크림으로 주로 잔주름과 다크서클 등의 화이트닝 기능이 강화된 제품이다. 기능성크림으로 분류된 경우가 많다.

(3) 에센스(세럼)

로션이나 스킨에 영양기능을 강화한 제품으로 주로 비타민ACE군이 많다. 스킨타입, 로션타입, 크림타입, 젤타입으로 분류됨

(4) 프라이머(Primers)

최근 들어 많이 사용하는 제품으로 메이크업베이스 전 단계나 파운데이션 전 단계에서 사용하며 모공을 막아주어 피부의 결을 고르게 하도록 도와주는 제품이다. 피부가 파운데이션을 흡수하는 것을 막아주고, 모공 속으로 파운데이션이 들어가서 뭉치는 것을 방지해준다. 즉 매끄러운 피부표면을 만들고, 화장이 지워지는 것을 방지한다.

2) 메이크업베이스(Make up base)

(1) 메이크업 베이스의 기능

① 파운데이션의 지속성과 밀착성을 증대시켜 준다.
② 피부색을 조절하여 피부색 보정역할을 해준다.
③ 메이크업을 오래 지속시켜 준다.
④ 파운데이션 및 색조화장 등 피부를 여러 가지 위험요인으로부터 보호해준다.

(2) 피부색에 따른 제품 선택

메이크업베이스를 사용하는 목적중의 하나는 본래 표현하고자 하는 파운데이션의 색상을 가장 효과적으로 나타내기 위함이다. 따라서 메이크업베이스의 색상 선택 요령 중 가장 바람직한 방법은 피부색과 보색관계에 있는 색상을 선택한다.

① 그린계열 : 일반적으로 사용되는 색으로 피부가 얇거나 모세혈관이 확장되어 붉은 피부나 여드름자국 등 전체적으로 붉은 기운의 잡티가 많은 피부에 적당하다.
② 핑크계열 : 생기가 없어 창백해 보이는 노란 기운의 피부에 혈색을 부여해 피부색을 밝고 화사하게 표현해준다.
③ 옐로우계열 : 까무잡잡한 피부를 노르스름하게 중화시킬 때 표현한다.
④ 오렌지계열 : 썬탠한 느낌의 건강한 피부색을 표현할 때 사용한다.
⑤ 퍼플계열 : 칙칙하거나 누렇게 뜬 피부 또는 동양인의 피부표현에 적합하다.
⑥ 화이트계열 : 피지 량이 많아 칙칙하고 지저분해지는 피부나 어두운 피부색을 맑고 투명하게 해준다.

(3) 메이크업베이스의 종류

① 언더 베이스(Under Base) : 피부의 지방분을 흡수하고 지속시켜 준다.
② 커버 베이스(Cover Base) : 안티스틱이라고도 하며, 기미, 주근깨, 눈 밑 그림자 등을 커버하는데 용이하다.
③ 컨트롤 컬러(Control Color) : 피부색을 목적에 따라 조절해 준다.

3) 파운데이션(Foundation)

백색의 무기 안료를 주요 성분으로 한 것으로써 얼굴이나 목 등에 도포하여 피부의 색조를 조정하고 기미나 주근깨 등의 피부결함을 감출 목적으로 사용하는 화장품이다.

또한 피부결과 피부색을 정돈하고 피부결점을 커버해 주며, 피부표현과 골격, 외곽을 수정하여 입체감을 주며, 피부의 자극(먼지, 바람, 자외선, 기후 등)으로부터 피부를 보호한다. 그러므로 계절적인 피부의 변화와 원하는 화장 상태 등을 고려하여 선택한다.

(1) 파운데이션의 기능

① 피부색을 일정하게 조절하여 일시적인 미백효과가 있으며, 이상적인 이미지의 피부색을 표현한다.
② 피부의 결점인 기미, 여드름, 주근깨, 잡티를 커버해 주며 이상적이고 건강한 피부색으로 보완해 준다.
③ 공해, 바람이나 먼지, 추위, 자외선 등 외부의 유해자극으로부터 피부를 보호 한다.
④ 2~3가지의 색상을 이용하여 얼굴의 윤곽을 수정해 주고 입체감을 부여해 준다.

(2) 파운데이션의 종류

① 리퀴드 파운데이션(Liquid Foundation)

수분과 유분의 안료성분 등 파운데이션의 주성분 중 수분함량이 가장 많아 촉촉하며 피부에 대한 친화력과 밀착 감이 우수한 제품으로 특히 건성피부 타입에 좋고 투명감 있게 마무리되므로 피부결점이 없는 피부에 좋으며 자연스럽게 표현된다. 반면에 커버력과 지속력은 떨어지는 경향이 있다.

② 크림형 파운데이션(Cream Foundation)

건성피부 타입에 좋으며 외부로부터 효과적인 보호막이 형성되어 리퀴드 파운데이션보다 커버력이 우수하여 모든 피부에 일반적으로 사용이 무난하나 지성피부에는 여러 모로 불리하다.

③ **스틱형 파운데이션**(Stick Foundation)

유분과 수분을 적당히 배합하여 고체화한 제품이므로 다른 종류의 파운데이션보다 피부의 결점을 보완하는 커버력이 좋아 방송, 무대 등에서 폭넓게 활용되며 지속력이 우수하다. 그러나 잘못 사용하면 두께감 때문에 피부표현이 부자연스러운 단점이 있다. 일반적으로 전문 아티스트용으로 많이 사용한다.

④ **스킨커버**(Skin Cover)

피부에 잡티가 많아서 완벽한 커버를 필요로 하는 경우에 사용되며 커버력이 강한 만큼 피부에 느끼는 부담이 클 수도 있다. 메이크업을 지울 때는 클린징(Cleansing)에 각별히 신경을 써야 한다.

⑤ **투웨이 케익**(Twoway Cake)

자외선 차단제가 포함되어 있어 주로 자외선이 강한 봄, 여름철에 많이 사용되며 매트한 타입이어서 휴대하기 간편하다.

⑥ **팬 케익**(Pan Cake)

스펀지를 물에 적셔 바르는 수용성 파운데이션으로 방수성과 내수성, 지속성이 우수하여 장시간 흐트러짐이 없는 제품으로써 사용이 편리하고 밀착 감이 좋으므로 신부화장이나 장시간 조명을 받는 패션쇼의 모델에게 용이한 장점이 있으나 리퀴드 파운데이션에 비해 색의 혼합이 쉽지 않다.

커버력 : 스틱파운데이션 〉 소프트파운데이션 〉 리퀴드파운데이션
퍼짐성 : 스틱파운데이션 〈 소프트파운데이션 〈 리퀴드파운데이션

과거에는 쇼 메이크업은 스틱파운데이션, 웨딩메이크업은 스킨커버 등의 각 목적에 따라 메이크업마다 다른 타입의 파운데이션을 사용하였다. 최근 이런 구분은 사라지고, 피부타입에 따른 파운데이션의 사용이 중시되면서 자연스러운 화장이 강조되어 리퀴드 파운데이션의 사용이 보편화되어 있다. 리퀴드파운데이션의 종류가 다양화되어 같은 리퀴드 파운데이션이라도 점성의 차이가 커서 퍼짐성과 커버력의 차이가 있다.

리퀴드파운데이션(Liquid Foundation)의 종류

- 오일이 없는 파운데이션(Oil Free Foundation) : 지성피부에 사용된다.
- 수분 파운데이션(Water Based Foundation) : 건성피부나 일반 신부화장 등에 폭넓게 사용된다.
- 펄 파운데이션(Shimmery Foundation) : 글로시한 피부표현을 위해서 사용하거나 피부 결을 고르게 보여 건강한 피부 표현 시 사용한다.
- 펄감이 없는 파운데이션(Foundation) : 일반적인 피부표현 시 대중적으로 사용한다.

4) 컨실러(Concealer)

(1) 컨실러의 기능

① 모세혈관이나 상처, 점 등의 피부 결점을 커버한다.
② 피부의 패인부분을 메워준다.
③ 하이라이트 효과를 줌으로써 화사하고 입체적인 윤곽을 표현한다.

(2) 컨실러의 종류

① 리퀴드타입(Liquid type)

수분이 많고 엷게 표현되므로 자연스러운 피부를 표현하고자 할 때 사용한다.

② 크림타입(Cream type)

건성피부에 사용하며 리퀴드 타입과 마찬가지로 커버력이 약해 자연스러운 메이크업에 많이 사용된다.

③ 스틱타입(Stick type)

유분이 많고 결점을 보완하는 커버력과 피복력이 우수하다. 포토메이크업 및 무대 메이크업 시 적합하다.

④ 펜슬타입(Pencil type)

결점부위가 적고 결점의 강도가 강하여 결점 부위만을 커버하고자 할 때 주로 사용한다.

(3) 컨실러의 색상

보편적으로 밝은 베이지를 많이 사용하며 포토메이크업이나 무대 메이크업과 같은 강한 표현을 하고자 할 때에는 흰색을 많이 사용한다. 하지만 뷰티메이크업과 같은 자연스러운 내추럴 메이크업을 할 때에 무엇보다 중요한 것은 자신의 피부색과 꼭 맞는 컨실러를 선택하는 것이 좋다. 피부색과 다를 시 결점을 커버하고자 사용했던 컨실러가 오히려 눈에 더 띄는 결과를 초래할 수 있다.

5) 페이스 파우더(Face power)

(1) 파우더의 사용 목적 및 기능

① 파운데이션의 유분과 수분을 흡수하여 피부를 투명하고 자연스럽게 표현해 준다.
② 피부표면의 피지나 땀을 흡수하여 번들거림을 방지하고 메이크업을 고정시켜 준다.
③ 자외선으로부터 피부를 보호해 준다.
④ 기초와 색조 메이크업을 오래 지속시켜 준다.

(2) 파우더의 종류

① 투명 파우더

파운데이션의 색상이 그대로 유지되어 투명하고 깨끗한 피부표현이 된다. 따라서 자연스러운 내추럴 메이크업 시 사용한다.

② 그린계열 파우더

붉은 기가 많은 얼굴에 사용되며 붉은 색을 중화시켜 깨끗한 피부에 도움을 준다.

③ 핑크계열 파우더

창백한 피부에 혈색을 부여하며 귀엽고 사랑스런 이미지를 준다.

④ 오렌지계열 파우더

화사하고 건강한 이미지를 주며 신선하고 생동감을 준다.

⑤ 퍼플계열 파우더

화려한 분위기를 연출하므로 파티메이크업이나 나이트메이크업 시 매력적인 이미지를 준다.

⑥ 휘니쉬 계열 파우더

펄을 함유하고 있으므로 화려한 이미지나 쇼메이크업 시 독특한 이미지를 연출한다.

(3) 파우더의 형태

① 분말형 파우더

입자가 섬세하여 피부에 곱고 얇게 발라지며 땀이나 물에도 얼룩지지 않는다. 투명한 피부로 표현할 때 사용된다. 가루가 날려 휴대하기 불편한 점도 있다.

② 압축형 파우더

분말형에 비해 비교적 휴대가 간편하고 피지 흡수력이 우수하나 색상표현이 진하게 나타나 피부 표현이 두텁게 표현되기 쉬우며, 자연스럽게 표현하기 어렵다.

2. 아이메이크업(Eye make up)제품

1) 아이브로우(Eyebrow)

(1) 아이브로우의 기능

① 얼굴 표정을 변화시킨다.
② 테마에 따라 눈썹의 모양을 달리함으로써 테마를 부각시킨다.
③ 얼굴의 균형을 잡아준다.
④ 얼굴형에 따라 눈썹의 모양을 달리함으로써 얼굴형의 결점을 보완한다.

(2) 제품의 종류 및 특징

① 에보니 타입(Ebony type)

부드러운 흑연을 함유한 발색 없는 회색으로 연필을 뉘어서 문지르듯 그려준다.

② 연필 타입(Pencil type)

눈썹에 자극 없이 부드럽게 하나하나 그려줄 수 있으나 깎아서 사용해야 하는 번거로움이 있다.

③ 사프타입(Sharp type)

깎아서 사용해야 하는 번거로움이 없어 실용적이다.

④ 섀도우타입(Shadow type)

아이브러시에 회색과 갈색의 섀도우를 자연스럽게 발라준다. 연필 타입에 비해 자연스러운 눈썹이 된다.

2) 아이섀도우(Eyeshadow)

(1) 아이섀도우의 기능

① 눈의 색감과 음영을 주어 착시현상을 일으켜 눈매를 수정 보완한다.
② 색감을 이용하여 자유로운 색의 조화로 다양한 분위기를 연출한다.

(2) 아이섀도우의 색상

① 얼굴형태, 피부색, 눈, 모발의 색상을 고려한다.
② 연령과 사회계층을 고려한다.
③ 계절에 따라 색상을 고려한다.
④ 의상 및 액세서리의 면적과 색상을 고려한다.
⑤ 표현하고자 하는 메이크업 패턴을 고려한다.

(3) 아이섀도우의 유형

① 케익타입

가장 일반적인 타입으로, 눈에 자극이 없고 피부 밀착 감이 우수하다. 색상이 다양하며 그라데이션이 용이하나 시간이 지나면 지속력이 떨어진다.

② 크림타입

유분이 함유된 타입으로써 사진이나 TV, 무대 메이크업에 많이 이용되며 발색도가 선명하고 지속력이 있으나 뭉침에 주의해야 한다.

③ 펜슬타입

손쉽게 메이크업 하고자 할 때 효과적이며 휴대와 사용이 간편하나 그라데이션이나 간단한 색상표현이 어렵다.

3) 아이라이너(Eyeliner)

(1) 아이라이너 기능

눈을 보다 선명하게 하여 생동감 있는 또렷한 눈매를 연출하고, 눈의 크기를 결정하며 눈의 형태를 수정한다.

(2) 아이라이너 색상

가장 대표적인 색상은 검정, 갈색, 블루, 그레이가 있으며 표현 목적에 따라 다양한 컬러가 사용된다.

(3) 아이라이너 유형

① 리퀴드타입(Liquid type)

색상이 선명하여 뚜렷하게 표현되나, 광택으로 인하여 부자연스러울 수 있으므로 사진 촬영 시 주의해야 한다.

② 펜슬타입(Pencil type)

자연스러운 분위기 연출에 용이하며, 사용 시 편리하다.

③ 케익타입(Cake type)

고형으로 물을 섞어서 사용하며, 번들거림이 없으며 자연스러우나 지속력이 떨어진다.

④ 붓펜타입(Brush pen type)

색상이 진하고 광택이 없으며 자연스럽게 그리기 편리하다.

4) 마스카라(Mascara)

(1) 마스카라의 기능

① 아이라인과 함께 속눈썹을 길게 보이면서 여성미를 강조한다.
② 서양인보다 동양인의 눈썹모(毛)는 대부분 직모이기 때문에 아이래쉬 컬을 사용하고 마스카라를 하면 더욱 눈을 커 보이게 하여 매력적인 눈매를 연출할 수 있다.

(2) 마스카라의 종류

① 리퀴드 마스카라

지속력과 접착성이 뛰어나며 속눈썹을 선명하게 해주는 액상타입이다.

② 볼륨마스카라

듬성듬성한 속눈썹에 두껍게 발라 길고 풍부한 속눈썹을 만든다.

③ 워터프루프 마스카라

건조가 빠르고 내수성이 좋아 여름철에 사용하기 적합하다.

④ 롱래쉬 마스카라

섬유소가 들어있어 속눈썹이 길어 보이는 효과가 있다.

⑤ 케익타입 마스카라

안료가 혼합된 매트한 제품으로 가장 오래된 형태로 사용 시 물이나 스킨 등을 이용하여 나선 붓으로 찍어 사용하며, 사용하기 쉽고 지속성도 있으나 눈물 등 물기에 의해 쉽게 번지며 눈을 자극하는 결점이 있다.

(3) 마스카라 색상

검정색이 일반적이지만 보라, 청색, 자홍색, 붉은색, 형광색 등 색상이 다양하고 그 외에 속눈썹의 보호를 목적으로 하는 투명타입의 제품도 있다.

3. 치크(Cheek make up)제품

1) 치크 메이크업의 기능

얼굴에 색상을 주어 여성스러움과 건강미를 부여하고 얼굴의 수정과 개성을 표현함을 목적으로 한다.

2) 제품의 종류

(1) 케익타입(Cake type)

가장 일반적으로 사용하고 혈색을 나타내거나 윤곽 수정할 때 사용한다.

(2) 크림타입(Cream type)

파운데이션을 바른 후 파우더를 사용하기 전에 솜이나 스펀지를 이용하여 경계가 생기지 않도록 펴 준다. 주로 신부화장이나 TV 화장 등에 많이 쓰인다.

4. 립메이크업(Lip make up)제품

피부에 생동감을 주고 입술 윤곽을 뚜렷이 하며 입술 윤곽에 음영을 주어 입체감을 표현한다. 색조화장의 마무리 단계로써 전체적인 조화를 유지한다.

1) 립라이너(Lipliner)

펜슬 타입으로 입술 선을 선명하게 표현해 주며, 입술 형태를 수정, 보완하여 지속성을 높여 주므로 입술화장을 번지지 않게 오래 지속시켜 준다.

(1) 기능

① 입술의 외형선을 그리기 용이하며 윤곽을 뚜렷하게 표현한다.
② 입술의 형태를 수정 · 보완 시 용이하다.
③ 립스틱의 번짐을 방지한다.
④ 입술에 음영을 준다.
⑤ 쉽게 번지지 않아 지속력이 강하다.

(2) 유형

펜슬타입(pencil type)이 가장 일반적으로 사용되는 유형으로 깎아서 사용하는 제품과 오토타입 제품이 있다.

(3) 색상 및 사용법

립스틱과 같이 다양한 색상이 있으므로 립스틱의 색상과 유사하거나 1~2단계 어두운 색상을 사용한다.

2) 립스틱(Lipstick)

스틱 상태로 되어 있거나 용기에 담겨져 있는 형태로 가장 일반적인 형태이며 색상과 질감이 다양하다. 그리고 발색도가 진하므로 립브러시를 이용하여 입술 모양을 수정, 보완하여 새로운 이미지 연출에 용이하다. 색상을 위주로 한 제품과 오일 함량을 높여 윤기 있는 질감을 위주로 한 제품, 펄의 함량을 높여 빛나는 질감 위주의 제품으로 나누어진다.

(1) 기능

① 색상을 이용하여 포인트를 강조한다.
② 입술형태를 수정하여 보다 완벽한 이미지를 연출한다.
③ 추위나 건조 등 외부자극으로부터 입술을 보호한다.

(2) 유형

① 크림타입(Cream type)

가장 일반적인 것으로 스틱으로 사용된다.

② 매트타입(Matted type)

무광택의 건조한 질감으로 자연스러운 메이크업 시 사용되며 잘 묻어나지 않는 장점이 있다.

③ 쉬어타입(Sheer type)

수분이 많이 함유된 형태로 촉촉하고 윤기가 난다.

④ 이리디센트타입(Lridescent type)

립스틱이나 립글로스 중 펄이 많이 함유된 제품으로 광택을 부여하고 하이라이트 효과를 줌으로써 섹시한 느낌을 주는 메이크업에 사용된다.

(3) 립스틱의 조건

① 매끈하게 도포되며 부착성과 퍼짐성이 좋아 균일하고 얼룩 없이 발색 되어야 한다.
② 스틱상의 립스틱은 사용 중에 부러지거나 휘어지지 않아야 한다.
③ 도포한 립스틱의 색은 잘 지워지지 않아야 한다.
④ 피부나 점막에 자극이나 해가 없어야 한다.
⑤ 안전성이 높고 불쾌한 냄새나 맛이 없어야 한다.

(4) 색상

기호와 개성에 따라 다양한 색상을 선택할 수 있다.

3) 립글로스(Lipgloss)

입술을 윤기 있고 촉촉하게 해 주어 입술 보호역할을 한다. 색상은 투명한 경우가 많으므로 립스틱 위에 덧발라 주어 윤기 있는 느낌을 주며, 내추럴 메이크업에 용이하다.

(1) 기능

① 입술에 광택을 주어 글로시하게 연출 할 수 있다.
② 립스틱 위에 덧바름으로써 색상의 지속성을 유지하게 한다.
③ 입술이 건조해지는 것을 방지하여 입술을 보호한다.

4) 립코트(Lipcoat)

립메이크업의 마지막 단계에서 립스틱의 지속력을 증대시켜 주는 역할을 한다.

5. 메이크업 도구

메이크업을 하는데 있어 여러 가지 기본이 되는 도구는 메이크업의 효과를 높이기 위해 사용되어진다. 아무리 좋은 화장품일지라도 잘못된 도구로는 깔끔하고 아름다운 메이크업을 완성시킬 수 없다. 이런 기본 도구들의 특징과 사용법을 익혀서 원하는 메이크업을 위해 편리하게 사용이 가능하도록 한다.

1) 브러시(Brush)

브러시는 어디에 사용하는지, 어떤 재료로 만들었는지, 또 크기가 어떤 지에 따라 여러 종류로 나뉜다. 붓의 종류는 아이섀도우 브러시, 치크 브러시, 눈썹용 브러시, 아이라이너 브러시, 립 브러시, 페이스 브러시, 팬 브러시 등이 있다. 브러시의 재료는 족제비털, 오소리털, 조랑말 털, 담비털 합성섬유 등 여러 종류가 있다.

아이섀도우 브러시는 다양한 홋수를 구비하는 것이 다양한 섀도우 테크닉을 구사하는데 용이하다. 즉 부드럽게 그라데이션을 하기 위해서는 브러시 끝 부분이 둥그스름한 것이 효과적이며 선명한 선을 처리하기 위해서는 끝 부분이 반듯하게 잘려진 브러시가 좋다. 그래서 아이섀도우 브러시는 여러 종류의 크기가 필요하다.

브러시 세척은 따뜻한 물에 부드러운 세수 비누로 세척한 후 헹굴 때 린스를 한 방울 떨어뜨려 헹군 후, 물기를 빼고 털의 방향을 잡아 준다. 컵 또는 세울 수 있는 용기에 꽂아 붓이 서로 닿지 않게 하여 바람이 잘 통하는 곳에 둔다.

브러시 세척방법

- 브러시는 최소한 3~6개월에 한 번씩 정기적으로 세척해준다. 미지근한 물에 중성세제를 풀거나 브러시 전용 세척액에 담갔다가 헹군 다음 트리트먼트나 린스제품으로 다시 헹구어 브러시에 부드러움을 더하고 그늘에서 말린다.
- 마릴 때는 되도록 브러시를 벽에 걸어 두는 것이 좋으나 여의치 않을 때는 수건을 깔고 가지런히 눕혀서 형태를 유지하며 말린다. 립 브러시나 파운데이션 브러시는 사용 즉시 세척하여야만 세균의 번식을 막을 수 있다. 일주일에 한번은 세척해 주어야 한다.

(1) 파우더 브러시(Powder brush)

브러시 중 가장 큰 것으로 메이크업의 마무리 단계에서 사용한다. 메이크업 시 파우더를 덧바르거나 털어 낼 때 사용한다.

(2) 블러셔 브러시(Blush brush)

파우더 브러시보다 조금 작은 사이즈로 모양이나 사용 용도는 비슷하다. 볼터치나 얼굴에 음영을 줄 때 사용하며, 천연모로 만들어진 것이 좋다.

(3) 팬 브러시(Fan brush)

부채모양으로 눈썹, 속눈썹에 남은 분과 얼굴에 묻은 아이섀도우 가루나 분말을 털어 낼 때 사용한다.

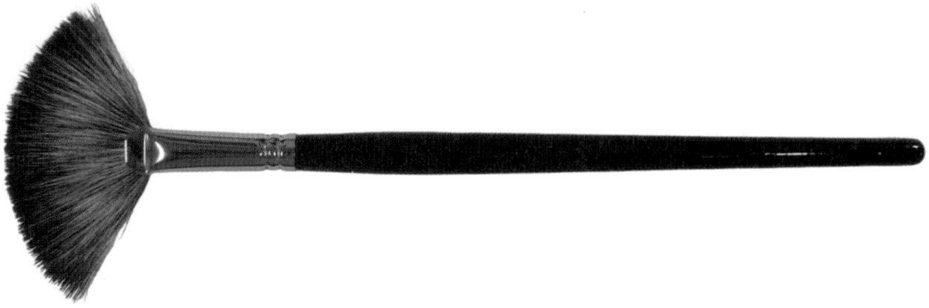

(4) 아이브로우 브러쉬와 콤(Eyebrow brush & comb)

뻣뻣한 털은 눈썹의 방향과 형태를 정리할 때 사용한다. 다른 쪽은 작은 빗 모양으로 생겼는데 눈썹의 길이를 체크하거나 마스카라를 사용한 후에 뭉치지 않도록 빗어 자연스럽게 하는데 사용한다.

(5) 섀도우 베이스 브러시(Shadow base brush)

아이섀도우를 넓게 눈두덩이 전체에 펴 바를 때 사용한다. 12~15mm로 납작하고 넓으며 술이 많고 탄력이 강한 것이 좋으며, 브러시 끝이 둥근 것을 선택한다.

(6) 섀도우 메인 브러시(Shadow main brush)

아이섀도우 메인 브러시는 베이스보다 좁은 면적을 바르는데 사용하므로 중간정도 크기의 붓을 사용한다.

(7) 섀도우 포인트 브러시(Shadow point brush)

아이섀도우포인트 브러시는 눈 화장 시 짙은 색상으로 눈 화장의 포인트를 주고 싶은 색상을 표현할 때 사용한다. 비교적 중간정도의 크기보다는 작은 면적을 사용할 때 사용하므로 작고 탄력이 좋은 것을 사용하며 자극이 없는 부드러운 털을 선택한다.

(8) 팁 브러시(Tip brush)

아이섀도우 스펀지라고도 불리 운다. 재질이 스펀지와 면으로 되어있어 브러시로 색상을 표현할 때 보다 더 진한색의 연출을 기대할 수 있다.

(9) 아이라이너 브러시(Eyeliner brush)

브러시 중 가장 술이 적고 가늘다. 섬세한 표현을 할 때 사용하며 선을 그릴 때 사용한다.

(10) 립 브러시(Lip brush)

입술화장 시 립스틱을 골고루 바르기 위해 사용하며 특히 털은 탄력과 힘이 있어야 한다. 브러시 끝이 힘 있게 모아져 있는 것이 좋다.

(11) 스크루 브러시(Screw brush)

마스카라를 바른 후 엉겨 붙어 있는 속눈썹이나 눈썹을 빗어줄 때 사용한다.

브러시 사용 후 관리 방법

메이크업을 시술 후 티슈나 타올에 잔여물을 털어 낸다. 완전히 세척하는 방법으로는 전문용 브러시 리무버를 사용해서 세척하거나 미지근한 물에 중성세제를 한 두 방울 떨어뜨린 후 깨끗이 씻어 낸다. 그리고 마지막 헹굴 때는 린스를 한 두 방울 떨어뜨려 헹구어 낸 후 마르기 전에 형태를 바로 잡아준다.

파운데이션이나 립스틱을 사용했던 브러시는 파운데이션이나 립스틱 성분이 오일이기 때문에 중성세제보다는 알코올 90도로 세척하는 방법이 올바른 방법이다.

2) 스펀지(Sponge)

스펀지는 메이크업베이스나 파운데이션을 바를 때 사용하는 도구다.

(1) 라텍스 스펀지(Latex sponge)

천연 생고무를 원료로 하여 만들어졌으며 오염이 되었을 경우에는 물에 빨지 않고 가위로 잘라 사용한다. 사용목적에 따라 물에 적셔 쓰거나 건조한 상태로 사용한다. 슬라이딩이나 패팅법을 이용한다.

(2) 해면 스펀지(Sea sponge)

물에 담그면 부드러워지는 천연스펀지로 팬케이크사용 시 편리하다. 소재의 특성으로 인하여 촉감이 유연해 얼굴의 어느 부분에도 고르게 사용된다. 사용 후 따뜻한 물에 깨끗이 빨아 건조시킨다.

(3) 합성 스펀지(Complex sponge)

석유화학에서 얻어지는 인조원료로 만들어진 제품으로 유분의 흡수력이 떨어지지만 탄력이 있어 형태 보존력이 좋으며 가격이 저렴하다. 사용 후 비눗물로 세척한 후 따뜻한 물에 헹구어 건조시킨다.

3) 파우더 퍼프(Powder puff)

페이스 파우더인 가루 파우더를 바를 때 사용하는 분첩이다. 면이나 합성섬유로 된 것이 많은데 피부에는 면이 좋으며 곱게 바를 수 있어 면 퍼프가 편리하다. 분첩은 메이크업 시 모델의 얼굴표면에 파운데이션과 디자이너의 손과 마찰되어 일어나는 문제점을 방지하기 위해 받침대 역할에도 사용된다. 사용 후 향비누 등 중성세제를 이용하여 세척하며 마른 타월 위에 놓고 말린다. 퍼프 안에 들어있는 천이나 심이 한쪽으로 밀리지 않도록 주의하여 세척하여야 한다. 퍼프는 용도가 다양하므로 여러 개를 준비하는 것이 좋다.

4) 아이래쉬 컬러(Eyelash curler)

마스카라 전에 속눈썹을 올려 줄 때 사용하는 도구이다.

5) 파운데이션 나이프(Foundation knife)

메이크업 베이스나 파운데이션을 덜거나 색을 섞을 때 사용하는 도구이다. 다른 용어로 Spatula(스파출라)라고 한다.

6) 눈썹용 핀셋(Eyebrow tweezer)

눈썹 주위에 난 잔털을 제거할 때 사용하는 도구이다. '족집게'로 불리며 눈썹의 숱이 많거나 방향이 불규칙한 눈썹과 잔털을 뽑을 때 사용한다. 또, 인조 속눈썹에 풀을 발라 붙일 때 인조 속눈썹을 집는 집게로 사용하면 편리하다.

7) 눈썹용 가위(Eyebrow scissor)

눈썹 길이를 자르거나 눈썹 정리 시 사용하는 도구이다.

8) 눈썹용 칼(Eyebrow knife)

눈썹 수정 시 불규칙하게 돋아난 눈썹과 잔털을 깨끗이 밀어 정리할 때 사용한다. 눈썹의 모양을 생각하며 조심스럽게 사용하고 사용 전 · 후에 메틸알코올로 반드시 소독하여 사용한다.

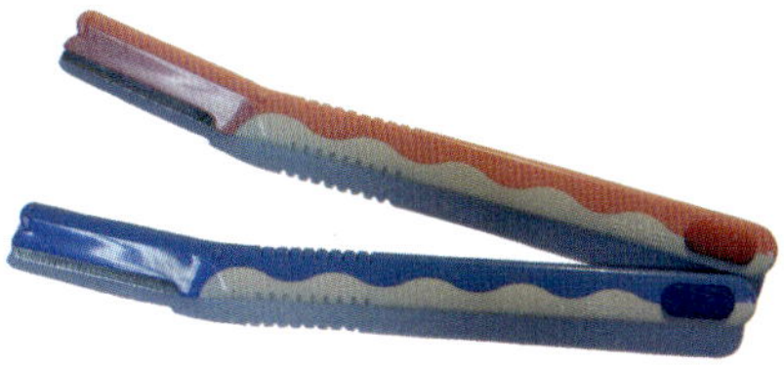

9) 메이크업 가방(Make up kit)

메이크업제품과 도구를 정리해 두는 가방으로 보관 및 운반에 용이하다. 다양한 사이즈와 형태의 것이 있으므로 쓰기 편리하고 효과적으로 보관할 수 있는 형태의 것을 사용한다.

뷰티도구 관리요령

1. 파우더&볼터치 브러시

피부 결을 정돈하거나 볼에 혈색을 주는데 사용되며, 제대로 관리하지 않을 경우, 브러시 모가 쉽게 마모되며 결이 거칠어질 수 있다. 결과적으로 피부에 따가운 느낌을 주며 접촉성 피부염을 일으킬 수 있다. 접촉성 피부염의 경우 태어나서 처음으로 접한 물질 때문에 발생하는 것이 아니라, 여러 번에 걸쳐 장기간 사용한 물질에 의해 발생한다고 한다. 즉, 평소 화장도구를 잘 관리하지 않고 지속적으로 사용할 경우 알레르기와 피부염을 일으킬 수 있는 물질이 피부에 차곡차곡 쌓이게 되는 격이다.

이렇게 피지나 파운데이션의 잔여물이 브러시 모에 엉겨 붙어 있으면 볼터치나 피부 표현을 하더라도 얼룩지기 쉬우므로 적어도 한 달에 한 번 정도 브러시 전용 클리너로 세척한다.
작은 컵에 브러시 클리너를 브러시가 잠길 만큼 덜어 빨면 세균과 박테리아를 제거해줄 뿐 아니라 밍크 오일이 함유되어 있어 모를 부드럽게 해준다. 이 때 브러시는 한 쪽 방향으로 헹구는 것이 모의 손상을 줄여준다.

2. 파우더 퍼프

파우더를 바를 때 파운데이션이나 기타 메이크업의 유분기가 퍼프에 묻어 다음에 화장할 때 파우더를 퍼프에 고르게 묻힐 수 없고 얼룩 없이 표현하기가 어렵다. 또 세균이나 곰팡이의 온상이 될 수 있는 파우더 퍼프는 깨끗이 관리하지 않으면 피부 가려움증이나 뾰루지 등을 유발 시킨다.
따라서 일주일에 한 번은 미지근한 물에 담가두었다가 비누나 샴푸로 세척하는데 이 때 세게 문지르지 말아야 한다. 퍼프의 부드러운 느낌을 살려주면서 헹굴 때 린스를 풀어 마무리 해주는 것이 좋다. 마지막으로 세척한 퍼프를 말릴 때 지그시 눌러 물기를 제거하고 세척 전의 모양대로 잡아준 후 타월 위에 올려 놓아 햇볕에서 그대로 말려준다.

3. 뷰러

관리를 제대로 안 할 경우 중앙에 맞물리는 고무 끝에 마스카라나 섀도우 잔여 물이 묻어 속눈썹이 뭉치게 할 수 있다. 오염이 심하면 속눈썹이 꺾이거나 뽑힐 우려가 있으며 예쁜 속눈썹 컬링을 기대하기 어렵다. 사용 후 아이 리무버나 클렌징 오일을 화장솜, 면봉에 묻혀 고무부분을 닦아주고 다시 한 번 마른 가제 손수건으로 닦아준다. 2~3개월에 한 번 고무패킹을 교체하면 컬링과 위생적인 측면에서 효과적이다.

4. 아이라인 브러시

아이라인 브러시를 세척할 땐 브러시의 끝 모양이 벌어져 있지 않도록 모아주는 것이 포인트다. 브러시 전용 클렌저를 이용하여 세척한 후 끝부분이 잘 모아지도록 손등이나 손바닥에서 쓸어주며 모양을 가다듬는다. 만약 벌어진 채로 말리면 아이라인을 그릴 때 샤프하게 그리기 힘드니 명심할 것.

한 달에 한 번은 세척해주는 것이 좋은데 관리를 안 하면 섀도우 가루 등이 뭉쳐 눈에 들어가 안질환을 유발 할 수 있다.

5. 파운데이션 스펀지 & 퍼프

다른 도구들보다 파운데이션 스펀지나 퍼프는 사용한 후 젖어 있게 되면 박테리아의 번식이 더 용이해진다. 더러운 스펀지를 장기간 사용하면 모낭염에 걸릴 수 있으므로 일주일에 한 번은 세척해주는 것이 좋다. 신경 써서 보관하지 않고 장기간 방치할 경우 냄새까지 심해져 사용할 때 불쾌한 기분이 들게 되므로 휴지에 가볍게 싸서 밀폐된 도구함 등에 넣어 보관하는 것이 좋다. 세척 시 미지근한 물에 중성세제를 풀어 손으로 조물조물 조심스럽게 빨되, 심하게 문지르면 모양이 변형될 수 있으니 주의한다. 이어 비누로 유분기를 다시 한 번 제거하고 타월로 물기를 닦아낸다.

6. 아이섀도우 팁

섀도우 팁은 섬세한 아이 컬러를 연출하기 위해 사용하는 도구이다. 세척할 때에는 팁 자체를 미지근한 물에 담근 후 앞뒤를 두드리듯 반복하여 세척한 뒤 햇볕에 말려준다. 눈 주위에 직접 닿는 도구이므로 청결하지 않으면 결막염을 일으킬 수 있으니 명심할 것.

따라서 팁 하나로 장기간 사용하는 것보다 2~3개의 팁을 준비해 자주 바꿔 사용하는 것이 바람직하다.

7. 립 브러시

립스틱이나 립글로스를 바르는 데 사용하는 립 브러시는 쓰고 난 후 바로바로 티슈로 닦아 브러시에 공기 중의 먼지나 이물질이 붙지 않도록 유의해야 한다. 이것이 번거롭다면 뚜껑이 달려 있는 휴대용 브러시를 사용해도 좋다. 립 브러시를 제대로 닦지 않으면 이전에 사용했던 색상과 섞여 제대로 색을 내지 못할 뿐 아니라 립스틱과 립글로스의 밀착력을 떨어뜨릴 수 있다. 그뿐만 아니라 입술이 붉어지거나 고름이 생기는 등 각종 트러블을 유발 할 수 있으니 주의할 것.

따라서 보름에 한 번은 브러시 전용 클리너를 이용하여 세척하되 섀도우나 볼터치 브러시를 함께 세척한다면 립 브러시를 가장 나중에 세척하는 것이 좋다. 참고로 섀도우 브러시를 포함하여 립 브러시까지 4~5개의 브러시를 세척하는 드는 세척액 양은 약 15ml 정도면 충분하다.

제 5 장

기초 메이크업

LIP
CONDITIONER
HYDRATANT
POUR LES LÈVRES
MAKE UP FOR EVER
PROFESSIONAL

제5장 기초 메이크업

1. 피부표현법(Base make up)

베이스 메이크업은 일반적으로 바탕화장을 말하는 것으로 피부톤을 정리하는 메이크업베이스, 피부색을 표현하고 결점을 감추는 파운데이션, 마무리 단계의 파우더처리로 이루어진다.

1) 베이스 메이크업 시술방법

(1) 메이크업베이스(Make up base)

① 파운데이션을 바르기 전 피부에 고르게 도포하는데 라텍스에 수분을 함유시켜 사용하면 메이크업베이스의 퍼짐성을 좋게 할 수 있으며, 피부가 건조해지는 것을 방지할 수 있다.

② 피부에 도포 시 양의 조절이 중요하다. 너무 많이 바르면 파운데이션의 밀착성을 떨어뜨린다.

③ 눈 꼬리, 입가 등 잔주름이 많은 곳에는 손가락을 이용하여 세밀하게 발라준다.

④ 메이크업베이스의 색상이 떠 보이면 양이 많거나 잘 흡수되지 않은 것이므로 적당한 양과 패팅을 통해 잘 흡수되도록 한다.

⑤ 가볍게 눌러보아 미끈거리거나 자극이 나지 않아야 하고 양이 많을 때에는 티슈로 가볍게 누른 후 사용했던 스펀지로 두드려 마무리 한다.

(2) 메이크업베이스 바르는 요령

① 제품 묻히기 : 처음에는 양볼, 이마, 턱 등에 제품을 찍어 놓는다.
② 펴바르기(슬라이딩) : 자연스러운 효과를 원할 때 쓰며 전체적으로 얼굴을 표현할 때 넓은 부위부터 안에서 바깥쪽으로 밀듯이 바른다.
③ 두드리기(패팅) : 잡티를 커버하고 메이크업베이스가 들뜨지 않도록 피부에 밀착감 있게 표현 하고자 할 때 쓰며 두들기듯 터치한다. 전체적으로 슬라이딩과 패팅 기법을 순서대로 꼼꼼하게 발라주며 콧망울 주변과 입 주변과 같은 굴곡이 있고 T-zone과 같이 피지가 많은 곳은 소량만을 이용하여 세심하게 발라준다.

(3) 파운데이션(Foundation)

① 피부타입에 따른 파운데이션 선택법

· 건성피부 : 건성피부는 버석거리고 건조한 피부로 유분과 수분이 부족하다. 그러므로 파운데이션이 잘 발라지지 않는다. 파운데이션은 매트한 타입보다는 유분기도 많이 함유하고 있는 크림타입이나 리퀴드타입이 적당하다.
· 지성피부 : 지성피부는 얼굴에 유분이 많고 번들거림이 많아 화장이 쉽게 지워지는 특징이 있다. 이런 피부타입에 맞는 파운데이션은 수분을 함유한 리퀴드 타입이나 파우더 파운데이션처럼 산뜻하고 매트한 타입의 파운데이션을 선택하는 것이 좋다.
· 잡티가 많은 얼굴 : 잡티가 많은 얼굴은 커버력과 지속력이 뛰어난 스킨커버 타입의 파운데이션이나 스틱 파운데이션이 적당하다.

② 파운데이션을 바르는 테크닉

· 이마와 머리카락의 경계선이나 얼굴과 목의 경계선에도 뚜렷이 차이가 나지 않도록 주의하여 바른다.
· 파운데이션을 고르게 펴 바르고 명암을 잘 표현하기 위해서는 손가락이나 스펀지를 이용하여 두드리거나 문질러 주는 패팅(Patting)기법과 슬라이딩(Sliding)기법이 있다.

· 명암표현 및 파운데이션을 바를 때에는 검지와 중지, 인지의 끝부분을 이용하여 두드리고 문지른다. 따라서 자연스러운 효과를 볼 수 있을 뿐 아니라 오래 유지할 수 있다. 일반적으로 파운데이션을 바를 때에는 패팅과 슬라이딩 기법을 반복해서 사용하는 것이 효과적이다. 처음 얼굴전체에 파운데이션을 펼 때에는 슬라이딩 기법을 사용하고 파운데이션을 밀착시키기 위해서는 패팅 기법으로 두드리는 것이 좋다.

③ 사용하는 도구에 따른 방법

· 손가락(Finger Work) : 크림타입보다는 리퀴드 파운데이션을 도포하는데 주로 사용되며 체온에 의해 흡수가 잘되고 작은 부분까지 꼼꼼히 바를 수 있다.

· 스펀지(Sponge Work) : 크림이나 고형타입의 파운데이션 도포에도 사용이 간편하며 스피드하게 바를 수 있는 장점이 있다.

· 브러시(Brush Work) : 최근 들어 선호하는 방법으로 손가락이나 스펀지를 사용하는 것보다 정확히 원하는 부위에 소량의 파운데이션을 바를 수 있고 얼굴전체에 고르게 얇게 펴 바를 수 있어 더욱 자연스런 피부표현을 할 수 있게 한다.

파운데이션 사용시 일반적인 주의사항

- 아래턱부위 뺨, 입술 및 입술주위, 코와 콧등, 이마와 관자놀이, 목의 순서로 바른다.
- 머리카락 끝부분과 턱 하단부의 안쪽, 귀 및 코 아래부위 등과 같이 눈에 띄지 않는 부분까지 꼼꼼히 발라주어야 한다.
- 눈 주위에는 파운데이션이 잘 발라지지 않으므로 인지 끝에 파운데이션을 묻혀서 가볍게 문질러 주면 깔끔하게 발라진다. 이 때 눈의 아랫부분은 외각에서 내각 쪽으로 발라주고 윗 눈꺼풀은 내각에서 외각쪽으로 발라준다.

(4) 파우더(Powder)

페이스파우더는 부분적으로 사용하기도 하고, 얼굴 전체에 바르기도 한다. 부분적으로 바를 때는 퍼프에 묻혀 가볍게 바르고 얼굴 전체에 바를 때에는 큰 브러시를 사용하며, 파우더를 바를 때에는 너무 눌러 바르지 않도록 주의한다.

① 분첩을 이용한 방법

분첩에 소량의 파우더를 묻힌 뒤 다른 분첩에 눌러 양을 조절한다. 넓은 면적부터 가볍게 눌러 바른다. 헤어라인 근처에 묻지 않도록 주의하도록 한다. 건성피부에는 얇게, 지성피부에는 꼼꼼히 눌러 여유 있게 바른다.

② 브러시를 이용한 방법

- 파우더 브러시를 사용하여 파우더를 덜어내어 티슈에 놓고 양을 조절한다.
- 얼굴의 넓은 부위부터 시작하여 중심에서 바깥쪽으로 둥글리며 발라준다.
- 팬 브러시로 남은 여분을 정리한다.
- 브러시를 사용하였을 때는 퍼프를 사용하였을 때보다 소량의 파우더를 바를 수 있어 자연스럽게 표현할 수 있다.
- 브러시나 퍼프를 힘주어 누를 경우 파운데이션의 고른 도포를 방해할 수 있으므로 주의한다.

2) 피부색에 따른 표현법

(1) 흰색 피부

피부가 맑고 깨끗해 모든 색을 잘 소화해 낼 수 있는 피부로 메이크업하는데 큰 어려움이 없다. 자칫 창백해 보일 수 있으므로 피부톤을 투명하고 밝게 살리는데 중점을 둔다. 투명함을 연출하기 위하여 리퀴드나 무스파운데이션을 바르고 파우더로 마무리 한다. 투웨이케익은 자칫 피부표현이 두꺼워 보이므로 혈색을 좋게 보이게 하는데 중점을 두어 파운데이션보다 약간 짙은 핑크계열 블러셔로 화사함을 강조한다.

(2) 황색 피부

동양인의 보편적인 피부색으로 황색기가 심하면 병약해 보이므로 메이크업 시 황색기를 완화시켜 주는데 중점을 둔다. 핑크계 메이크업베이스를 바르고 베이지색 파운데이션으로 혈색이 있어 보이도록 한다. 블러셔는 약간 붉은 기가 도는 살구 색을 바르면 발랄해 보인다.

(3) 붉은색 피부

그린톤의 메이크업베이스로 붉은 기를 중화시키고 베이지 계열의 파운데이션을 발라준다.

(4) 검은색 피부

검은 피부는 억지로 하얗게 보이려 하지 말고 건강하고 활동적으로 보이는 장점을 충분히 살려 표현해 주는 것이 좋다. 피부색과 같은 톤의 파운데이션을 사용하는 것이 무방하며 블러셔는 오렌지 계열을 사용하는 것이 적합하다.

(5) 창백한 피부

핑크나 보라톤의 메이크업베이스로 생기를 주고 유분기 있는 핑크의 파운데이션으로 혈색 있게 표현한다.

3) 피부타입에 따른 표현법

(1) 지성피부

수렴화장수로 모공수축을 해준 후에 메이크업을 하면 훨씬 효과적이다. 유분이 많아 번들거리기 쉬우므로 파우더 타입의 파운데이션을 사용하고 매트한 느낌의 섀도우와 립스틱을 사용한다.

(2) 건성피부

건조하여 잔주름이 생기기 쉬우므로 유분이 많이 함유된 파운데이션을 사용하여 피부에 잘 흡수되도록 많이 두드려 준다.

4) 피부 결점 보완법

(1) 기미, 주근깨, 여드름

기미와 주근깨 등을 커버하기 위하여 파운데이션을 두껍게 발라주거나 트윈케이크를 여러 번 덧바르면 피부가 무겁고 탁해 보이기 쉽다. 기미나 잡티가 있는 부분에 파운데이션을 찍어 바르고 손가락을 이용해 두드리듯이 발라주어 잡티를 부분적으로 커버한 다음 한 단계 짙은 파운데이션이나 트윈케이크를 이용하면 피부표면이 두껍지 않게 처리되어 깨끗한 피부로 표현할 수 있다.

(2) 눈 밑의 다크써클(darkcircle)

개인에 따라 혹은 피곤하거나 생리 시, 눈 아래 부분에 검푸르게 그늘이 생기게 되는 경우가 있다. 이럴 경우 다크써클 전용 크림 베이스를 발라주거나 액상 타입의 리퀴드 컨실러를 이용해 눈 밑 부분에 발라주며, 없을시 밝은 색 파운데이션을 발라준다. 그러나 너무 많은 양을 바르거나 백색 파운데이션을 직접 발라주면 주름이 지는 등 역효과가 생기므로 기본 베이스 색상의 파운데이션과 혼합하여 소량만 발라 곱게 펼쳐준다.

물기 머금은 촉촉한 피부 표현하기

1. 세안 후 화장솜에 스킨을 듬뿍 묻혀 얼굴에 붙였다 5분 후 뗀다. 화장솜에 스킨을 묻혀 가볍게 얼굴을 닦는다.

2. 수분크림과 아이크림을 펴 발라 피부를 촉촉하게 만든다.

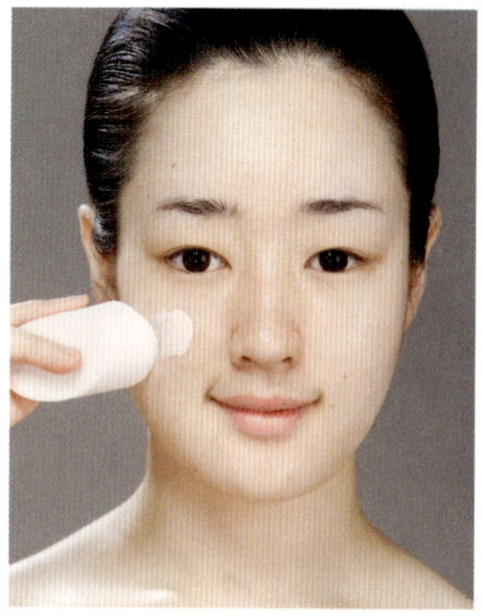

3. 자외선 차단과 모공을 커버하는 무스타입 UV베이스를 눈가를 제외한 얼굴 전체에 고루 펴 바른다.

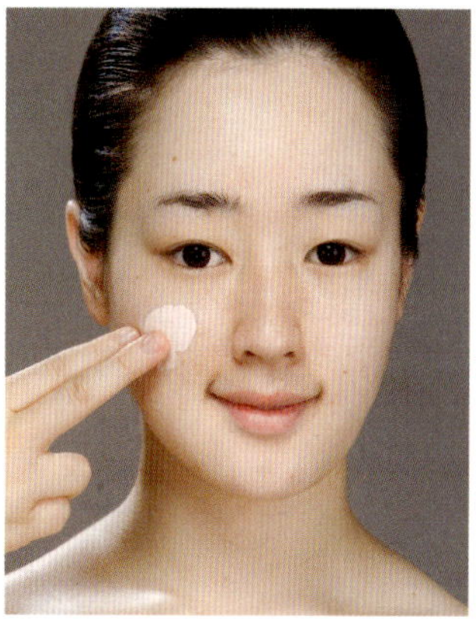

4. 수분프라이머를 눈가를 제외한 얼굴 전체에 가볍게 발라 피부 결을 정리 한다.

5. 플루이드 타입 파운데이션을 볼에 점을 찍듯 바른 뒤 스펀지를 이용해 피부결 방향으로 가볍게 밀듯 바르고 여러 번 두드려 밀착시킨다.

6. 얼굴에 미스트를 뿌려 수분을 더하고 밀착력을 높인다. 5초 정도 그대로 둔 뒤 스며들게 한다.

7. 두드러지는 잡티와 다크서클 부분은 컨실러를 브러시에 묻힌 뒤 커버한다.

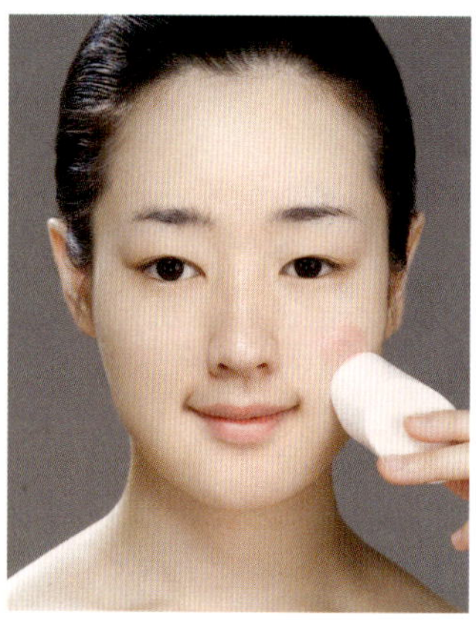

8. 내추럴하고 들뜸이 적은 크림 타입 블러셔를 웃을 때 볼록 튀어나오는 볼 위에 바르고 스펀지로 경계가 생기지 않도록 두드린다. 컬러는 피치나 코럴 계열이 내추럴하고 자연스럽다.

9. 미네랄 파우더와 피지 컨트롤 파우더를 적당하게 믹스한 뒤 소량만 퍼프에 덜어 가볍게 터치하며 마무리 한다.

뷰티타이밍

처음 메이크업을 할 때 어떤 순서로 발라야 좋을지몰라 난감했던 경험이 있을 것이다. 브랜드에 따라, 제품에 따라 조금씩 달라지긴 하지만 대체로 아래의 순서로 발라주면 된다. 또 이 모든 단계를 반드시 거쳐야 하는 것은 아니다. 예를 들어 아침에 스킨 케어를 할 땐 영양크림 단계를 생략할 수도 있고, 제품에 따라 썬크림과 메이크업베이스 기능이 통합된 경우도 많다.

피부 표현을 달리 하고플 땐 파우더를 생략할 수도 있다. 다만 기본적인 순서를 기억하되, 스킨케어 단계부터 소량으로 레이어링해주어야 피부 메이크업이 밀리거나 뭉치지 않고 얇게 밀착되며 때처럼 일어나는 현상도 없어진다는 사실을 명심하자. 크림 단계의 스킨 케어까지 마친 후 깨끗한 스펀지로 너무 많이 발라진 것을 가볍게 닦아내는 것 또한 아름다운 메이크업을 위해 필요하다.

1. 스킨케어

손보다는 화장솜을 이용하여 100회 정도 두드려주는 것을 이상적으로 본다. 실제 손을 이용하는 것보다 화장솜을 이용하여 스킨을 바를 경우, 각질층에 수분을 함유하는 정도가 2~3배가량 높아진다고 한다.

가볍게 두드리는 횟수와 함께 피부가 충분히 차가워졌는지를 체크한다. 피부가 차가워져야 뒤따르는 피부 메이크업의 발림성과 밀착력이 향상되기 때문이다. 피부가 덜 차가울 때는 목선 안쪽 라인을 따라 화장솜에 남은 스킨으로 두드려주면 얼굴의 온도를 빠르게 내려준다.

2. 에센스

피부가 충분히 차가워진 상태에서 손으로 에센스를 바른다. 손가락으로 펼쳐 바르고 20초간 손바닥으로 감싸주듯 가볍게 눌러 충분히 피부 속으로 흡수되도록 해야만 비싼 에센스가 제대로 효과를 발휘하며 이어지는 단계의 흡수율도 높여준다.

3. 밀키로션 혹은 영양크림

피부에 영양을 공급해줌은 물론 각질층의 수분이 피부 밖으로 증발하지 않도록 하기 위해 밀키로션이나 크림을 발라 보호막을 형성한다. 둘 다 사용해도 좋지만, 둘 중 하나만 사용한다면 주로 오전엔 밀키로션을, 밤엔 크림을 바르는 것이 좋다. 스킨의 경우 충분히 흡수되게 하려면 젖은 화장솜으로 패팅해 주는 것이 이상적이듯, 밀키로션이나 크림의 경우 스펀지를 이용하여 부드럽게 바라 피부에 보호막을 형성한 후 피부 위에 들떠있지 않도록 스펀지로 충분히 패팅한다. 볼 부분부터 바르기 시작하여 턱→코→이마→눈→목의 순으로 바르는데 이는 피부의 두께를 감안하여 흡수되는 시간을 주기 위함이다. 크림을 바르고 흡수시키는데까지 1분가량 필요하니 급하게 다음 단계로 넘어가지 말자.

4. 썬크림&메이크업베이스

썬크림은 자외선 차단을, 메이크업베이스는 피부톤이나 피부결을 정돈하는 목적으로 사용하는데, 관건은 피부에 얇게 발라 파운데이션의 밀착력을 해치지 않아야 한다는 것이다. 특히 자외선 차단 기능이 높은 제품의 경우에는 피부 위에서 하얗게 들뜨거나 유분감이 도는 경우가 많아 아이메이크업이 번진다거나 피부 메이크업이 들뜨고 번들거리는 원인이 될 수 있다. 따라서 피부를 아름답게 표현하려 한다면 이 제품들의 선택에 더욱 까다로워져야 함은 당연한 일이다. 썬 크림의 경우 한 번에 두껍게 발라 마무리하기보다는 얇은 층을 2~3겹 발라주는 것이 자외선 차단 기능을 높이는 방법이며, 1년이 지난 차단제는 과감하게 버리는 것이 피부에 유익하다. 썬 크림 기능이 있는 메이크업베이스도 있는데 이를 이용할 때 보통 손보다는 스펀지로 하는 것이 양 조절을 위해 용이하다. 이때도 역시 적은 양을 볼부터 발라 준다. 유분기가 돌지 않을 정도로 스펀지로 약 10초간 패팅 한 후 다음 단계로 넘어간다.

5. 파운데이션

메이크업베이스를 바르고 10초 후에 파운데이션을 바른다. 이는 메이크업베이스가 피부 위에 얇은 막을 만들어 안으로는 수분공급을 밖으로는 파운데이션의 밀착을 위해 당겨주는 시간이 필요하기 때문. 메이크업베이스를 바르고 바로 파운데이션을 바르면 발라 놓았던 얇은 막이 벗겨지거나 파운데이션과 섞여 버리니 10초 정도 여유를 반드시 둘 것.

파운데이션은 바를 때 먼저 스펀지를 이용하여 피부결을 따라 볼→턱→이마→눈→목의 순으로 바르고, 볼 중앙부위(다크써클을 중심으로)및 더 커버해야 할 곳을 두드려 마무리 한다. 천연 라텍스 소재로 된 스펀지를 사용하는 것이 좋으며, 바른 후 불필요한 유분을 흡수시키기 위해 스펀지로 20초 정도 패팅하여 정리한다.

6. 파우더

파운데이션을 바르고 5초 이내에 파우더를 바른다. 이 때 순서는 파운데이션을 바르던 순서와 동일하게 하되, 지성피부의 경우 퍼프를 이용하여 콧망울이나 이마 등 피지가 많이 나오는 부위는 꼼꼼히 발라주는 것이 좋고, 건성 피부의 경우 퍼프에 소량 묻혀 얼굴의 가장자리와 눈두덩과 코 양 옆을 가볍게 눌러 준다. 쌍꺼풀 부위에 파운데이션이 끼어 있으면 손가락으로 그 부위를 정리한 후 바르고, 피부결이 고르지 않은 경우 퍼프보다는 파우더용 브러시를 이용하여 정리하면 고르지 않은 피부결 사이로 파우더가 메워져 피부를 매끄럽게 표현할 수 있다.

7. 클렌징

외출 후 돌아오는 대로 클렌징을 한다. 클렌징 오일을 이용하면 모공 속에 있는 피지와 메이크업 노폐물, 각질까지 말끔히 제거해주면서 피부에 필요한 수분과 영양을 남겨준다. 이때 너무 오래 클렌징하면 오히려 불순물이 피부 위에 오래 머물러 트러블을 일으킬 수 있으므로 1분 이상 마사지하지 않도록 주의한다. 마른 손에 오일을 4번 펌프하여 얼굴의 넓은 부위부터 클렌징하며 눈과 입술 클렌징은 마지막 단계에 한다. 오일이라는 특성 때문에 손에서 양을 손으로 덜어가며 얼굴에 도포해주는 것이 좋다.

2. 눈화장법(Eye Make up)

눈썹, 눈두덩이 등의 눈 주변부분과 눈의 단점을 보완하고 음영과 색감의 깊이를 주어 입체감을 표현하기 위한 화장법이다. 아이메이크업은 아이브로우, 아이섀도우, 아이라인, 마스카라로 분류되며 일반적으로 위에서 아래의 순서대로 행하는 것이 색조가 번지는 것을 방지할 수 있다.

1단계 – 아이브로우
2단계 – 아이섀도우
3단계 – 아이라인
4단계 – 마스카라
5단계 – 인조속눈썹

1) 아이브로우(Eyebrow)

눈썹은 얼굴의 인상을 좌우하는데 큰 역할을 한다. 그만큼 눈썹은 얼굴 전체의 느낌을 좌우하는 비중이 큰 부분이다. 눈썹을 통해 얼굴표정을 변화시켜 이미지를 만들고, 얼굴의 균형을 맞춤으로써 조화 있는 메이크업을 해낼 수 있어야한다.

(1) 아이브로우 컬러이미지

눈썹은 기본적으로 머리카락이나 눈동자 색과 동일하거나 유사한 색상을 선택하는 것이 무난하다. 흔히 브라운 계통의 아이펜슬을 많이 사용하는데 모델의 머리카락은 진한 흑발인데 눈썹은 밝은색의 갈색을 이용한다면 자연스럽지 못하다. 눈썹용 펜슬을 이용하여 눈썹의 모양을 만든 다음 모델의 머리 색상에 가까운 섀도우 색상을 이용해 브러시로 칠해주게 되면 자연스러운 눈썹으로 연출된다.

① 블랙 : 흰 피부에 눈이 큰 사람에게 적합하다. 한복 메이크업 시 조화를 이루는 색상이다.
② 그레이 : 침착하고 차분한 이미지로 일반적으로 많이 쓰인다. 지적이고 동양적인 분위기를 연출 할 때 사용한다.
③ 브라운 : 세련되고 현대적인 느낌을 주는 색으로 가장 무난한 색이다.

(2) 아이브로우 테크닉

① 눈썹수정

눈썹을 수정하고자 할 때에는 눈썹의 앞머리는 입체감이 없어지고 인위적인 느낌이 들 수 있으므로 되도록 수정하지 말고 나머지 반만을 다듬거나 그린다. 대부분의 눈썹은 양쪽 균형이 맞지 않고 주변에 잔털이 많아 눈썹 손질이 반드시 필요하다.

1. 눈썹 브러시로 눈썹을 눈썹털이 난 방향으로 빗어준다. 이렇게 하면 눈썹이 난 형태가 드러나기 때문에 수정하기가 쉬워진다.

2. 눈썹연필과 눈썹용 브러시를 이용하여 모델의 얼굴 형태에 어울리는 눈썹형을 만들어 준다.

3. 눈썹라인을 벗어난 눈썹을 안쪽에서 바깥쪽으로 족집게를 이용하여 뽑거나 면도칼로 정리하되 자주 거울을 보면서 하도록 한다. 이 때 눈썹이 시작되는 부분이나 눈썹아래의 곡선이 너무 날카롭거나 모가 나지 않도록 해야 한다.

4. 눈썹 털의 길이를 눈썹 가위를 이용하여 잘라 준다.

5. 눈썹 빗으로 다시 한 번 정리하여 눈썹 형을 만들어 준 뒤 수정한다.

② 눈썹그리기

눈썹은 시대나 유행에 따라 각기 변하므로 유행의 흐름이나 얼굴형에 맞추어 그려주는 것이 좋다.

1. 먼저 검은 눈동자 끝에서 일직선으로 만나는 지점에 눈썹 산을 정한다.

2. 콧망울에서 눈머리를 지나 일직선으로 만나는 지점에 눈썹 앞머리를 잡는데 연필로 그리는 부분은 한 두 가닥 안쪽으로 그리기 시작해 앞머리가 너무 선적인 느낌이 들지 않도록 한다.

3. 콧망울에서 눈 꼬리를 지나 45도에서 만나는 지점을 눈썹의 길이로 정한다.

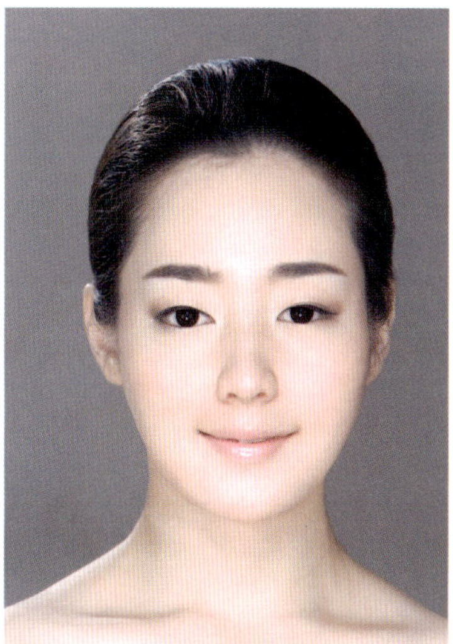

4. 정해진 눈썹의 길이를 3등분하여 2/3까지를 올려 그리고 나머지 1/3은 자연스럽게 그린다.

③ 눈썹형태

표준형 눈썹	각진형 눈썹

아치형 눈썹	**상승형 눈썹**

수평형 눈썹	**처진 눈썹**

④ 기본형 눈썹 그리기

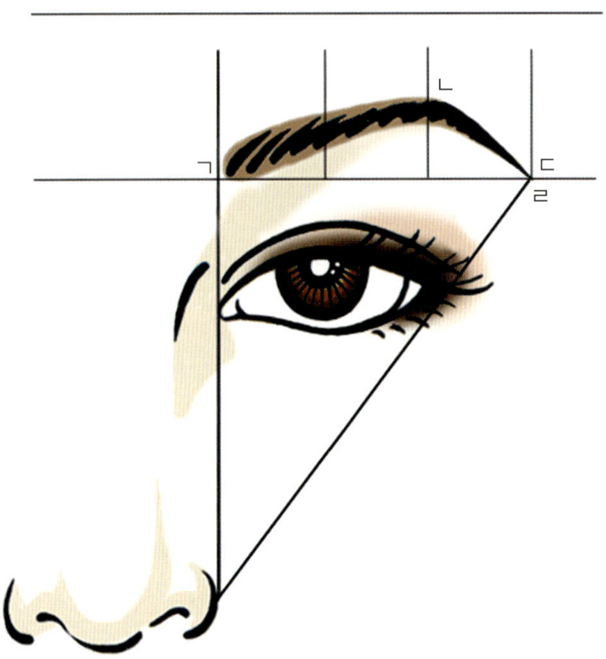

ㄱ. 눈썹 앞머리 : 콧망울 지점을 수직으로 올려 만나는 곳에 위치하도록 한다.

ㄴ. 눈썹 산 : 위치는 눈썹길이를 3등분 했을 경우 2/3지점에 위치하거나 턱의 중심에서 눈동자 중심을 지나 만나는 지점 또는 눈동자 바깥 부분을 올려 만나는 지점에 위치하도록 한다.

ㄷ. 눈썹꼬리 길이 : 콧망울과 눈 꼬리를 45° 의 각도로 연결해서 연장했을 때 만나는 지점에 위치하도록 한다.

ㄹ. 눈썹 길이 : 눈길이보다 짧지 않게 그린다.

⑤ 얼굴형에 따른 눈썹 그리기

1 둥근형

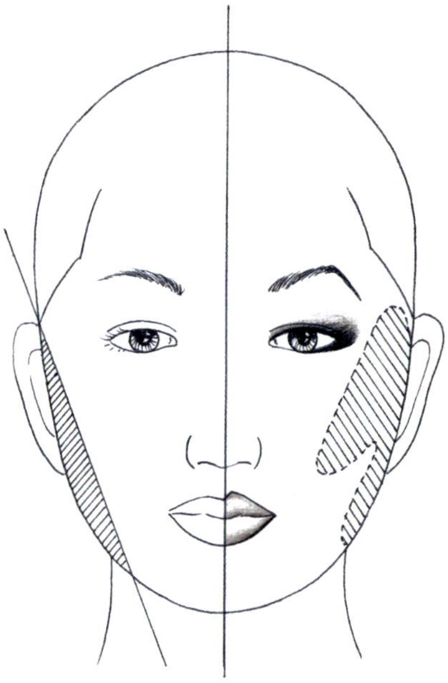

① 둥근형(Round face)
약간 상승 느낌이 나듯이 각진형 눈썹으로 꼬리를 올려서 그려준다.

2 사각형

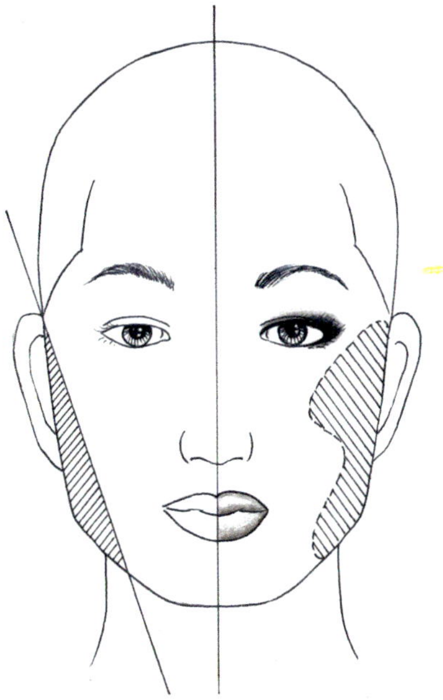

② 사각형(Square face)
각진 얼굴을 커버하기 위해 눈썹이 너무 가늘지 않게 그리며 여유 있는 곡선으로 매끄러운 아치형이나 화살형이 좋다.

3 긴 형

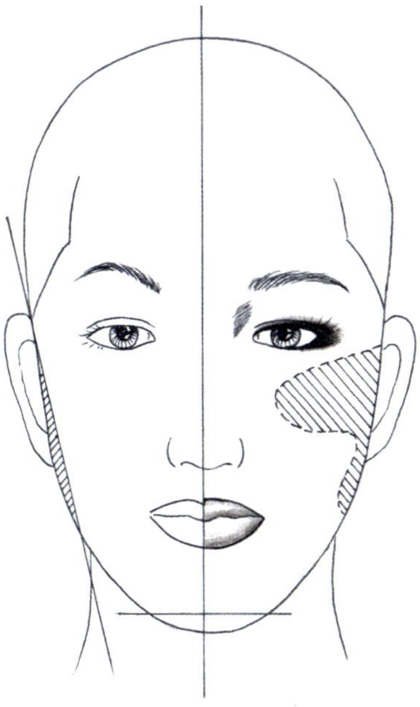

③ 긴 형(Oblong face)
수평적인 일자형 눈썹으로 자연스러운 굵기의 눈썹이 긴 얼굴을 분할시켜 주므로 잘 어울린다.

4 역삼각형

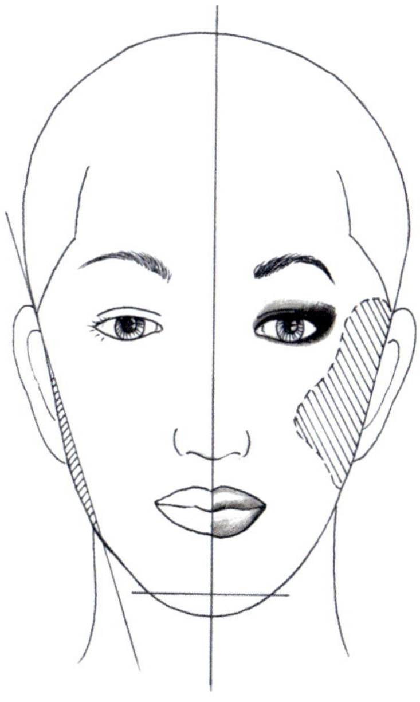

④ 역삼각형(Inverted triangular face)
여성스러움을 강조할 수 있는 아치형으로 눈썹 산의 위치를 눈썹 길이의 1/2정도에 주어 날카로움을 감소시킨다.

2) 아이섀도우(Eye-shadow)

아이섀도우는 눈의 색감과 음영을 주어 입체감 있는 눈을 연출하며 눈의 단점을 커버해 주는 효과가 있다. 단순히 눈의 모양뿐만 아니라, 주변의 피부색, 눈썹, 코의 모양 등과 조화가 매우 중요하므로 고도의 테크닉이 필요하다.

(1) 색조선택의 기본원리

① 밝고 엷은 색조는 전진시킨다.
② 어둡고 진한색조는 후퇴시킨다.
③ 광택과 금속성 색조는 빛을 반사시키고 튀어나와 보인다.
④ 피부색, 모발색, 연령층을 고려한다.
⑤ 의상색과 동일 계열이거나 조화색을 선택한다.
⑥ 눈의 형태를 고려하여 장점은 강조하고 단점은 커버할 수 있는 색을 선택한다.
⑦ 계절감과 T.P.O에 맞춰 선택한다.
⑧ 유행색과 표현하고자 하는 메이크업 패턴에 따라 선택한다.

(2) 아이섀도우 컬러

① 베이스 컬러(Base color)

베이스컬러 또는 메인컬러라고 하며, 아이섀도우의 분위기를 좌우하는 색상으로 가장 넓은 부분으로 눈을 떴을 때 어느 정도 보이도록 바르는 것이 일반적이다.

② 액센트 컬러(Accent color)

액센트 컬러의 목적은 눈을 강조하여 표현하는데 있으며, 액센트 컬러의 선택에 따라 이미지를 결정한다.

③ 하이라이트 컬러(Highlight color)

돌출 되어 보이게 하거나 넓게 보이고자 하는 부위, 두드러지게 보이고자 하는 부위에 사용한다. 하이라이트 컬러는 팽창효과가 있으며, 눈썹 꼬리 부분 아래에 바른다. 하이라이트 컬러는 은회색, 흰색, 펄이 들어간 연한 핑크 색이 매우 효과적이다.

④ 포인트 컬러(Point color)

베이스 컬러 위에 포인트를 주는 색상으로 베이스 컬러보다 한 단계 어두운 색상으로 눈 끝이나 아이라인 부분에 바른다.

⑤ 언더 컬러(Under color)

선의 느낌으로 눈 밑 섀도우를 깨끗이 발라주며 눈매를 다양하게 표현해 준다.

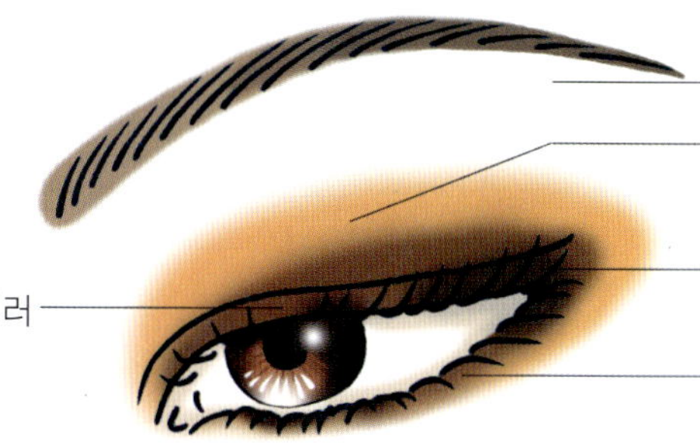

(3) 아이섀도우 바를 때 유의점

① 아이섀도우를 바르기 전 브러시에 섀도우를 묻혀 손등에서 색상 농도를 확인 한 다음 눈꺼풀에 바른다.

② 아이섀도우를 짙게 강조하고 싶은 부위는 한꺼번에 두텁게 바르지 말고 여러 번 덧 발라 원하는 색감을 표현한다.

③ 아이섀도우를 연하고 부드러운 색상으로 넓은 부위에 엷게 펴 바를 때에는 넓은 면의 브러시를 이용한다. 눈 앞머리나 아래 눈꺼풀, 눈 꼬리 부분을 선적인 느낌으로 바를 때나 짙고 강한 색상을 바를 때는 좁은 브러시로 아이섀도우를 바른다.

④ 아이섀도우 색상끼리 경계선을 없앨 때나 눈 밑 아이섀도우가 번졌을 때 잘못 발라 수정을 해야 할 땐 면봉을 이용하면 깨끗하고 자연스럽게 손질 할 수 있다. 아이섀도우 가루가 다른 곳에 날리거나 혼합되지 않도록 한다.

(4) 눈 모양에 따른 시술방법

1 알맞은 눈

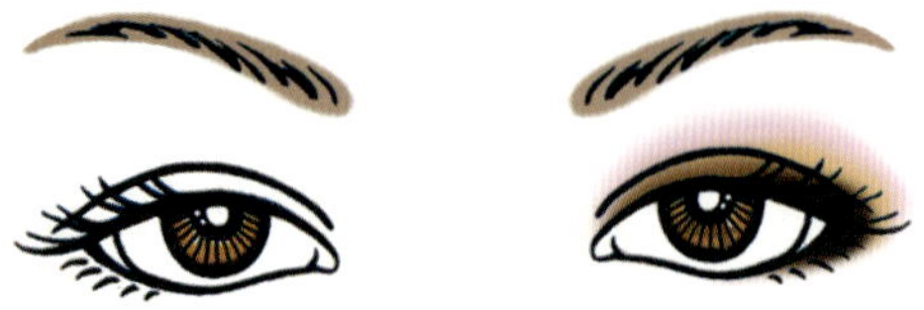

① 알맞은 눈

형태 변형은 불필요 하며, 의상색, 디자인, 계절, 연령에 맞춰 섀도우 컬러를 선택하고 여러 형태의 테크닉을 개성 있게 연출한다.

2 큰 눈

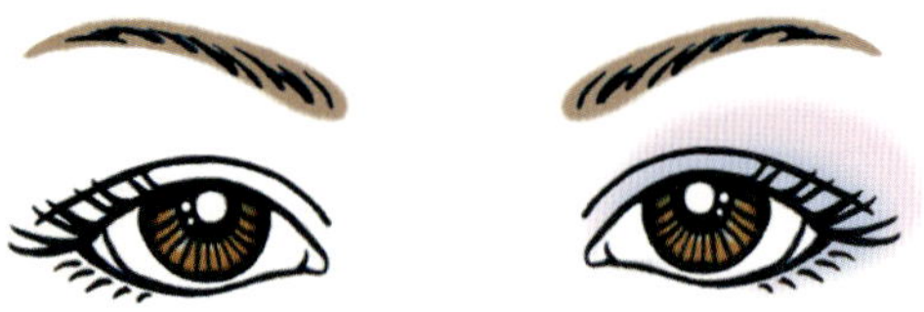

② 큰 눈

진한 색보다 연한 색을 선택하여 부드럽고 자연스럽게 그라데이션 하고 눈 주위에 포인트 색을 강하게 처리하지 않는 것이 좋다.

3 작은 눈

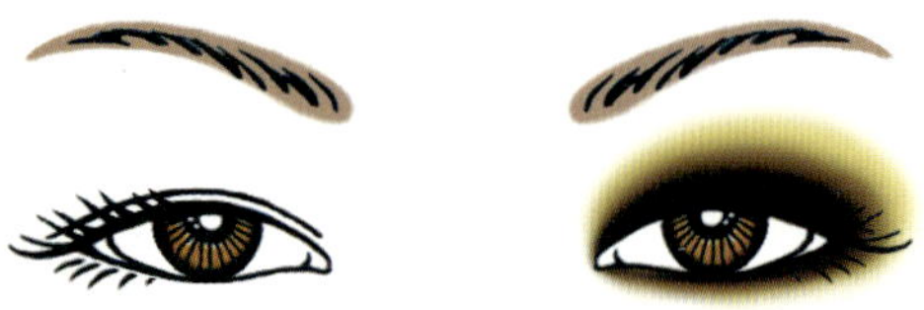

③ 작은 눈

눈 전체의 밝은 색상의 섀도우나 펄감이 풍부한 색을 선택하여 눈 길이를 길어 보이도록 눈 꼬리쪽으로 짙은 색의 섀도우를 연장하여 발라준다. 언더라인 또한 눈 꼬리 쪽으로 길게 발라준다.

4 눈두덩이 나온 눈

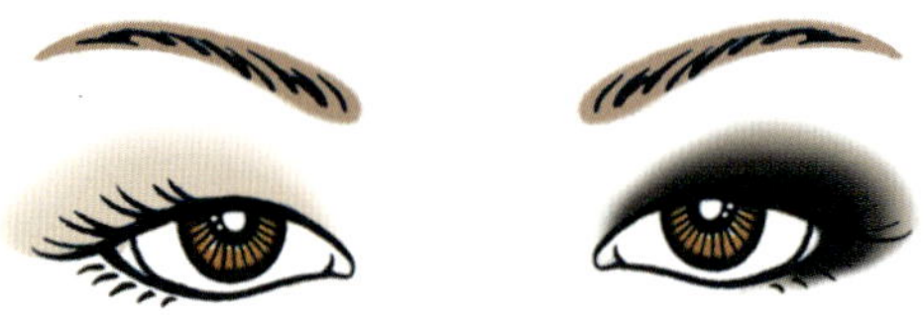

④ 눈두덩이 나온 눈

펄감이 없는 매트한 브라운이나 그레이 색으로 엷게 펴 바른 후 눈썹 뼈 부위에 강한 하이라이트 색상을 바르고 액센트 컬러를 눈 형태에 따라 선을 긋듯 발라 눈매를 강조한다.

5 눈두덩이 들어간 눈

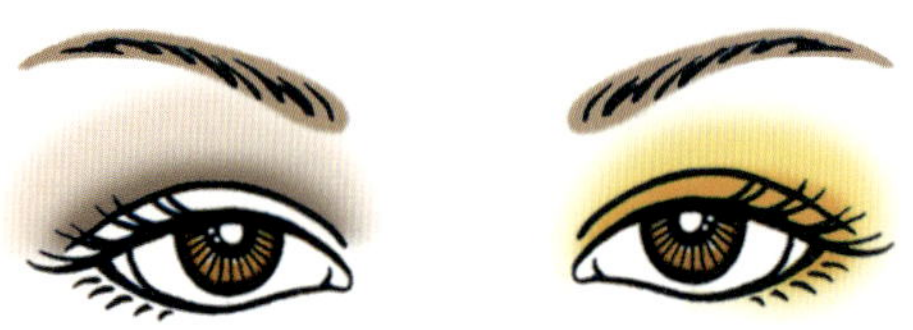

⑤ 눈두덩이 들어간 눈

펄감이 있는 색상이나 밝은 색을 아이홀 부분에 강한 하이라이트 효과를 준 뒤 눈이 나와 보이게 하고 포인트 색은 밝은 계열로 라인의 형태로 눈 꼬리를 약간 올려 눈매를 강조한다.

6 처진 눈

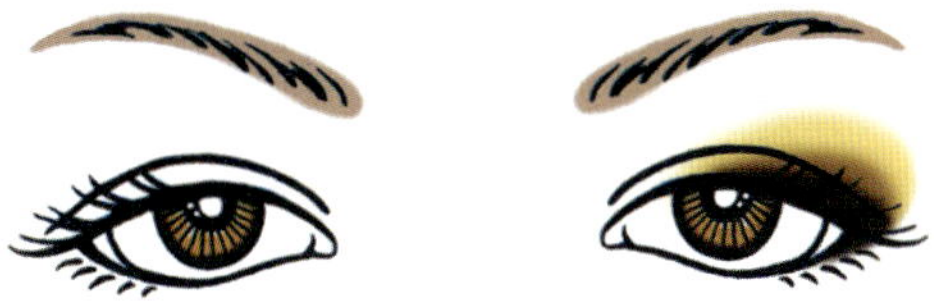

⑥ 처진 눈

눈 앞머리에서 눈 꼬리까지 라인을 살려 사선방향으로 올려 포인트 컬러를 폭 넓게 바르고 눈 꼬리 밑에 하이라이트를 주면 효과적이다.

7 올라간 눈

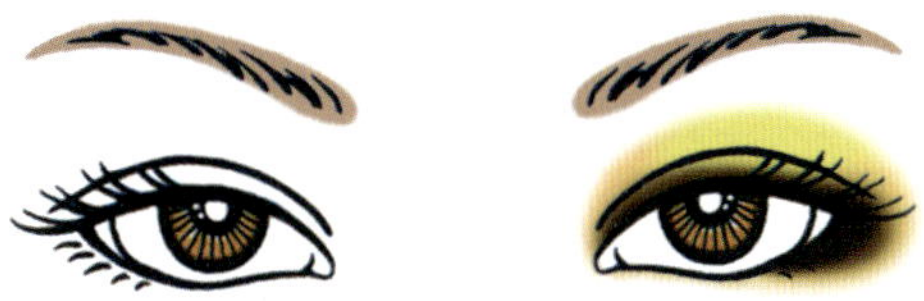

⑦ 올라간 눈

눈 앞머리와 눈 꼬리 밑 부분에 섀도우의 포인트를 주고 특히 언더컬러를 눈 꼬리부분에 넓게 펴 발라 올라간 눈을 부드럽게 안정시킨다.

8 눈과 눈 사이가 먼 눈

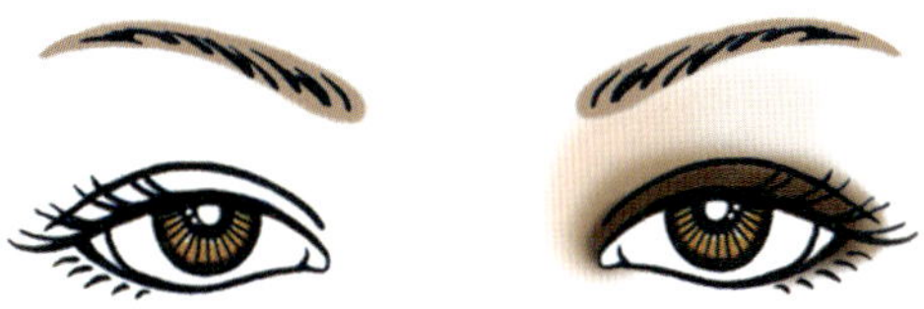

⑧ 눈과 눈 사이가 먼 눈

섀도우의 포인트를 눈앞머리 위에서 코가 있는 방향으로 처리하여 눈과 눈 사이의 간격을 좁아 보이도록 한다. 눈 꼬리 쪽으로 포인트 컬러가 치우치지 않도록 주의한다.

9 눈과 눈 사이가 가까운 눈

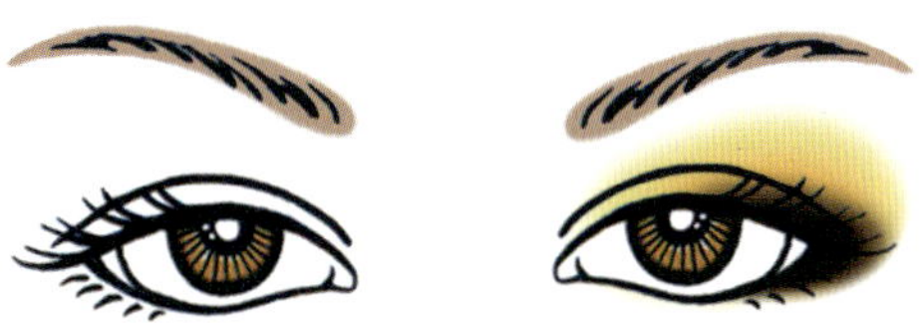

⑨ 눈과 눈 사이가 가까운 눈

눈 앞머리에서 중간까지 밝은 색상을 발라 눈과 눈 사이의 간격을 여유 있어 보이도록 한다.

짙은 색의 포인트 컬러를 눈 꼬리 쪽으로 연장하고 눈 밑 언더라인에도 눈 꼬리 바깥쪽으로 섀도우 처리한다.

10 외겹 눈

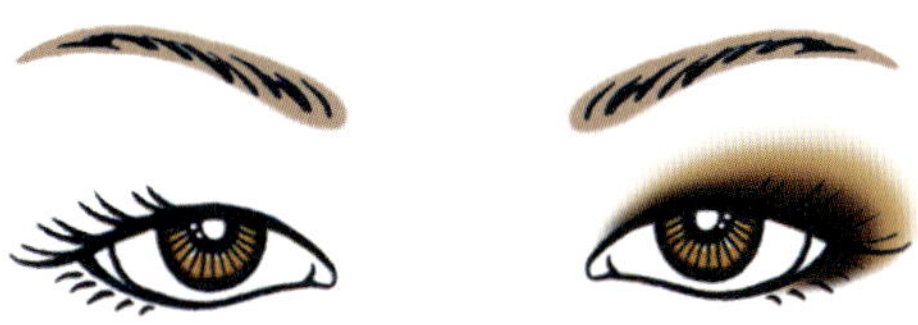

⑩ 외겹 눈

눈을 크고 뚜렷하도록 보완하기 위하여 라인을 강조하거나 눈 꼬리에 포인트를 주어 사선방향으로 끌어올려 그라데이션 해주고 아이 홀 부분까지 포인트 컬러를 펴 바른 후 눈썹 뼈 부분에는 하이라이트를 강하게 주어 평면적인 눈을 입체적으로 표현한다.

(5) 얼굴 형태에 따른 아이섀도우 테크닉

1 둥근형

① 둥근형(round face)
계란형에 가깝도록 눈을 중심으로 크게 보이게 한다.

2 사각형

② 사각형(square face)
윗부분은 넓게 섀도우를 강조하고 아래 턱선의 축소로 갸름해 보이도록 연출한다.

3 역삼각형

③ 역삼각형(trianguiar face)
눈의 외곽쪽을 둥글게 강조해 부드러운 이미지로 보여준다.

4 삼각형

④ 삼각형(triangle face)
눈의 바깥쪽을 올리듯 강조해 얼굴을 갸름해 보이게 한다.

5 긴 형

⑤ 긴형(long face)
수평의 느낌으로 섀도우 처리를 하고 언더라인도 강조해 준다.

3) 아이라이너(Eye liner)

눈을 크고 또렷하게 보여주며 눈 모양을 수정해 준다.

(1) 이미지 표현방법

① 섹시스타일

중앙부분을 다소 두껍게 하고 가장자리는 가늘게 그린다. 눈 꼬리를 길게 빼준다.

② 모던 스타일

붓펜 타입의 아이라이너로 속눈썹의 가장자리에 바싹 당겨 그려준다. 다음에 살짝 눈을 떠서 속눈썹 아래에도 그려주며, 감추어진 라인을 그릴 때에는 고의적으로 과장하지 말고 눈이 끝나는 곳 까지만 그려준다. 눈 꼬리를 올려 빼지 말고 수평으로 그려준다.

③ 복고 스타일

펜슬 타입의 아이라이너로 눈의 형태를 따라 에워싸듯 아이라인을 그려준 후 붓펜 타입의 아이라이너로 그 위를 조금 두껍게 덧그려준다. 라인이 두껍게 표현되므로 눈 꼬리는 2mm 이상 길게 끌어 올리지 말고 수평으로 처리한다. 어떤 아이라인 테크닉 보다 라인효과가 커 눈매가 또렷해 보이고 여성스러운 이미지를 표현할 수 있다.

④ 큐트 스타일

아이라이너를 이용해 윗 눈동자의 중앙 부분을 약간 둥글려 그려준다. 눈이 동그랗게 보이면서 실제의 눈보다 훨씬 크게 보인다.

(2) 아이라인 그리는 방법

① 눈을 뜬 상태에서 눈 바깥 선을 결정한다.

② 위 꺼풀 눈의 중심에서 바깥쪽을 향해 그려 절반을 먼저 만든다.

③ 나머지 절반은 눈 안쪽부터 시작하여 중앙까지 이어준 뒤 다시 눈 머리에서 눈 꼬리까지 이어준다.

④ 완성

4) 마스카라(Mascara)

(1) 마스카라 관리법

뚜껑을 꼭 닫아 먼지가 들어가지 않도록 사용해야 하며 관리를 잘하면 오래 사용할 수 있다. 마스카라 표면이 굳어 잘 발라지지 않을 때는 마스카라 전용 소프트너나 스킨 몇 방울을 넣어 내용물을 녹여 사용한다.

(2) 마스카라 시술방법

① 아이래쉬컬러(eyelashcurler)를 사용하여 컬링 한다.

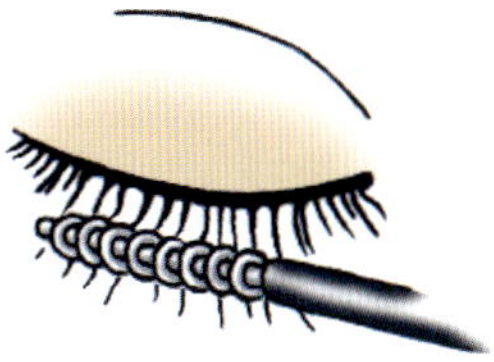

② 위에서 아래 방향으로 쓸어 내리듯 발라 준다.

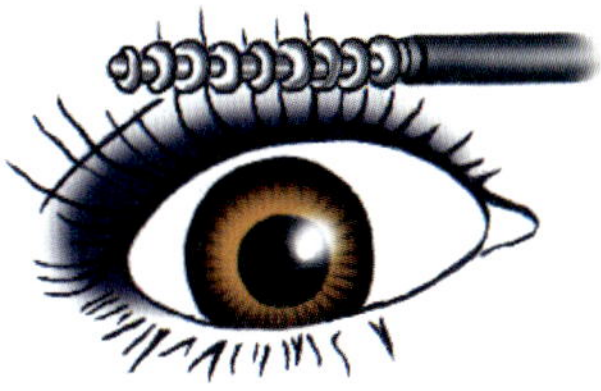

③ 눈을 크게 한 후 아래부터 지그재그 방향으로 위로 컬링 한다.

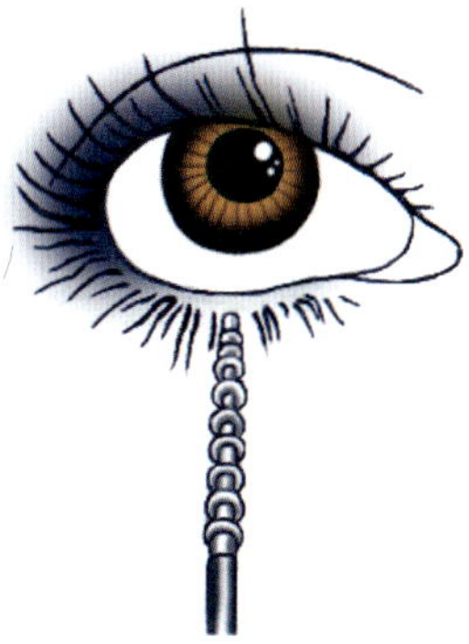

④ 아래 속눈썹은 브러시를 세로로 세워 끝 부분을 가볍게 발라준다.

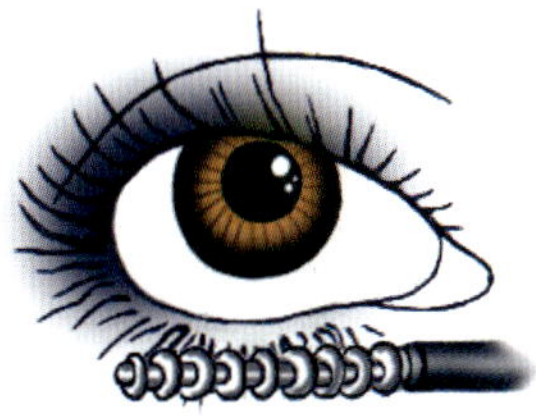

⑤ 마스카라 액이 건조된 후 액이 묻지 않은 마스카라 브러시로 한 번 더 빗어 속눈썹이 엉키지 않도록 깔끔하게 처리한다.

5) 인조속눈썹(False eye lashes)

(1) 목적

숱이 많아 보이고 길어 보이는 효과를 주어 또렷한 눈매를 연출한다.

(2) 인조 속눈썹의 사용 방법

① 먼저 속눈썹 케이스에서 꺼낼 때 양쪽 끝부분이 접착되어 있으므로 핀셋을 이용하여 떼어낸다.

② 속눈썹을 붙일 때는 눈 길이와 맞추어 보아 눈길이보다 약간 짧게 잡아서 양쪽을 잘라준다.

③ 반대 방향으로 휘어서 눈에 접착하기 쉽게 부드럽게 만든다.

④ 아이섀도우 화장 후에 아이라이너로 라인을 그린다. 아이래쉬컬링 후 마스카라를 해주고 속눈썹을 붙인다.

⑤ 고정시키기 위해서 면봉으로 지그시 눌러준다.

(3) 심는 속눈썹 사용방법

① 케이스에서 핀셋으로 심는 속눈썹 하나를 떼어낸다.

② 접착액에 심는 속눈썹 끝을 담구어 뿌리 부분에 접착제를 바른다.

③ 모델의 눈을 살짝 감게 해서 눈꺼풀을 위로 당긴 후 속눈썹 난 자리의 위치에 붙인다.

④ 순서는 아이섀도우–아이라이너–아이래쉬컬로 컬링–심는 속눈썹–마스카라 순으로 하면 편리하다.

인조속눈썹

심는 속눈썹

3. 코메이크업(Nose make up)

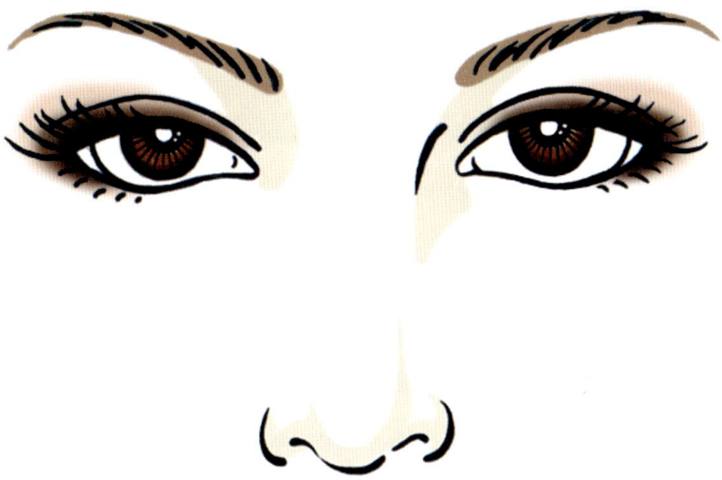

1) 코(Nose) 메이크업의 목적

코의 음영을 주는 것은 코를 높여 보이려는데 그 기본 목적이 있다. 따라서 밝은 색 계열에 어두운 색을 두면 더 밝아 보이고 어두운 색을 더욱 더 어둡게 보이려는 명도 대비를 이용하여 코 화장술에 응용한다.

2) 코(Nose) 메이크업의 기본테크닉

① 콧날이 오똑해 보이게 하기 위해서는 파운데이션단계에서부터 베이스 색깔을 달리해주어야 한다.
② 코의 양측면도 얼굴에 펴 바르는 파운데이션보다 2단계 더 어두운 파운데이션을 펴 발라준다. 그 위에 베이스 파우더를 한 번쯤 더 눌러주고 코 양측 면에 갈색 섀도우를 펴 발라 그림자를 넣어준다.
③ 브러시로 눈썹 앞머리에서부터 수직으로 노즈섀도우를 넣어주며, 부드럽게 터치하여 더 자연스런 음영이 생기도록 한다.
④ 노즈 섀도우의 효과를 주기 위해서는 콧날에 밝은 하이라이트를 준다.

3) 코 모양에 따른 메이크업

1 낮은 코

① 낮은 코
낮은 코는 비근부가 낮은 경우와 전체가 낮은 경우가 있다. 이것을 높게 보이도록 코뼈의 측면을 어둡게 쉐이딩 하고 콧망울과 콧대를 밝게 처리한다. 이 경우, 진한 색과 옅은 색의 경계선이 두드러지지 않도록 하는 것이 주요하다.

2 주먹 코

② 주먹 코
코끝이 둥근 경우 양 콧망울에는 어두운 색을 펴 바르고 코 끝에는 옅은 색을 펴 바르도록 한다.

3 큰 코

③ 큰 코
큰 코는 얼굴에 비해 넓고 커서 우악스럽고 미련해 보이기도 한다. 이러한 큰 코의 수정은 콧등을 밝게 하고 콧망울과 양쪽 콧대 측면부분을 어둡게 처리하여 얼굴의 균형에 맞도록 유도한다.

4 매부리 코

④ 매부리코
코의 중앙에 층이 있어서 코 끝 쪽이 아래를 향해 굽은 코를 매부리코라고 한다. 이것을 곧게 보이도록 하려면, 콧등의 튀어나온 부분을 어두운 파운데이션으로 쉐이딩 처리하여 수정한다.

4) 시술방법

① 얼굴 형태를 잘 살핀 후, 코의 길이와 폭 양미간의 거리 등을 고려하여 새도우를 넣는다.
② 입체감을 살려주며 색상은 붉은기나 펄이 없는 자연스런 브라운컬러를 주로 사용한다. 색상은 피부 톤보다 반톤 정도 어두운 엷은 브라운 색으로 한다.
③ 파운데이션단계에 사용하거나 아이메이크업 시 케이크 섀도우를 이용하면 자연스런 화장을 연출할 수 있다.

4. 치크 메이크업(Cheek make up)

볼 화장은 사용 색상에 따라 메이크업의 분위기를 개성 있게 변화시킬 수 있으므로 피부색이나 표현하고자 하는 메이크업의 이미지를 고려하여 선택하도록 한다.

1) 치크 메이크업의 기능

얼굴에 색상을 주어 여성스러움과 건강미를 부여하고 얼굴의 수정과 개성을 표현함을 목적으로 한다.

2) 치크의 기본 위치

모델이 정면을 바라보았을 때 눈동자 바깥부분과 콧망울을 연결한 선이 귀를 향해 밑으로 처지지 않게 터치한다.

3) 형태별 분류

(1) 케익타입(Cake type)

일반적으로 널리 사용되는 타입이며 파우더를 바른 후 브러시를 이용하여 바르며 색감표현이 용이하고 자연스러워 손쉽게 사용할 수 있다.

(2) 크림타입(Cream type)

파운데이션을 바른 후 파우더를 사용하기 전에 솜이나 스펀지를 이용하여 경계가 생기지 않도록 잘 펴준다.

4) 치크의 색상선택

① 핑크계열 : 피부에 혈색을 주며 귀엽고 앳된 이미지를 준다.
② 오렌지계열 : 신선하고 생동감이 넘치며 건강하고 활동적인 이미지를 준다.
③ 브라운계열 : 현대적이고 세련된 이지저인 이미지와 성숙한 인상을 준다.
④ 로즈계열 : 여성스럽고 사랑스러운 이미지를 주며 때로는 요염한 인상을 준다.

5) 치크(Cheek)메이크업의 방법

① 볼 화장은 전체를 같은 색조로 바르는 것이 아니라 중심이 되는 부위를 가장 진하게 하고 자연스럽게 피부에 펼쳐 경계선이 없도록 한다.
② 브러시에 내용물을 묻혀 손등에서 미리 색상을 조절하여 사용하는데, 브러시로 얼굴을 두드려 발라 주어야 피부에서 우러나오는 색감을 연출할 수 있다.
③ 색감을 약하게 덧 바르면서 진하게 표현한다. 색이 너무 진하다고 생각될 때에는 티슈로 닦아 내든지 치크를 바른 위에 파우더를 발라주면 색이 좀 더 엷어지게 된다.

6) 색상에 따른 치크 이미지

1 핑크계열

① 핑크계열
치크의 터치에 따라서 우아하고 여성스런 이미지와 귀엽고 앳된 이미지를 연출 할 수 있다.

2 오렌지계열

② 오렌지계열
신선하고 활동적 이미지를 주며 다갈색피부나 검은 피부에 잘 어울린다.

3 브라운 계열

③ 브라운 계열
현대적이고 세련된 이지적인 느낌을 주며 어느 피부에나 적합하지만 특히 베이지나 황색피부에 잘 어울린다.

7) 표현목적에 따른 테크닉

1 귀여운 이미지

① 귀여운 이미지
빰의 중앙이나 눈 밑 관자놀이 부위에 둥글게 터치한다.

2 여성적인 이미지

② 여성적인 이미지
볼 뼈를 중심으로 관자놀이에 발라준다. 둥근 형태로 눈 주위와 연결시킨다.

3 세련되고 지적인 이미지

③ 세련되고 지적인 이미지
볼 뼈 위에 밝은 색의 하이라이트를 칠하고 광대뼈 밑 부분에 섀도우를 넣어 입체감을 만들어 준다.

4 젊고 활동적인 이미지

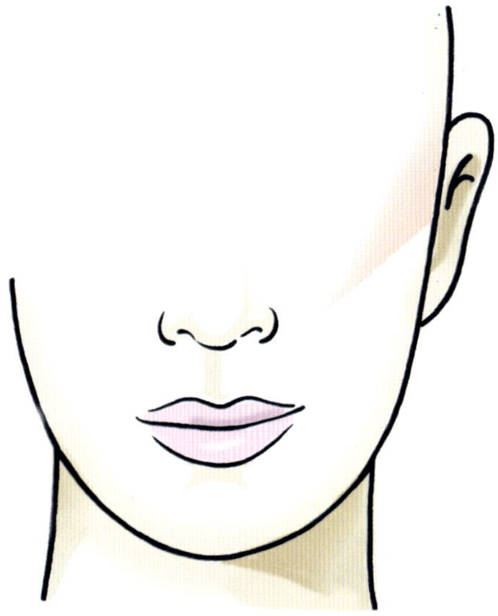

④ 젊고 활동적인 이미지
광대뼈 아래 부분의 골격을 강조해 선적인 느낌으로 터치한다.

8) 얼굴형에 따른 치크 테크닉

1 둥근형

① 둥근형
통통한 얼굴을 갸름하게 하는데 중점을 둔다. 오렌지나 브라운 계열의 조금 어두운 색을 선택하여 광대뼈 아래에 약간 샤프하게 넣고, 뺨보다 약간 위쪽에 부드러운 컬러를 넣는다.

2 사각형

② 사각형
치크를 약간 폭넓게 하고 각이 진 턱선을 짙은 색상으로 커버한다. 광대뼈에서 관자놀이 밑 부분까지 짙은 컬러의 브러시를 넣어 따뜻하고 부드러운 느낌의 라인을 만든다. 각진 부분은 두드러지지 않도록 음영을 준다.

3 긴 형

③ 긴 형
가로의 느낌으로 터치하여 긴 느낌을 줄이도록 한다. 볼 아래에 브러시를 넓게 바르고 이마와 턱 부분에 쉐딩을 한다. 강한 컬러보다는 핑크나 로즈 등의 따뜻한 컬러가 좋으며 볼 뼈를 중심으로 콧망울과 구각을 향하여 가로의 느낌으로 바른다.

4 역삼각형

④ 역삼각형
좁은 턱선을 강조하지 않도록 주의하며 화려한 이미지가 잘 어울린다. 핑크계열의 컬러를 귀부분에 구각의 약간 위쪽을 향해 부드럽게 펴 바른다.

5. 립 메이크업(Lip make up)

피부에 생동감을 주고 입술 윤곽을 뚜렷이 하며 입술 윤곽에 음영을 주어 입체감을 표현한다. 색조화장의 마무리 단계로서 전체적인 조화를 유지한다.

1) 색상이미지

① 핑크계열 : 여성적 이미지
② 브라운계열 : 지적이미지
③ 오렌지계열 : 활동적 이미지
④ 로즈계열 : 화려하고 생동감이 있는 이미지
⑤ 와인계열 : 매혹적, 정열적 이미지
⑥ 퍼플계열 : 현대적 이미지

2) 립스틱 색상선택 방법

입술화장을 효과적으로 하기 위해서는 입술화장의 테크닉과 함께 립스틱의 색상을 잘 선택하는 것이 중요하다. 립스틱의 색을 선택할 때에는 피부색, 의상, 헤어스타일, 메이크업 패턴 등을 고려한다.

(1) 피부색

흰 피부에는 핑크나 퍼플계열이 어울리며, 황색피부에는 오렌지계열, 희지만 붉은 빛이 감도는 피부는 자주색 계열, 검은 피부는 브라운계열이 적합하다. 일반적으로 밝은 피부에는 밝은 입술 색이 좋고 검은 피부에는 어두운 색상이 잘 어울리는 편이다.

(2) 의상

가장 무난한 것은 의상과 같은 계열의 색상을 선택하는 것이다. 청색계열의 옷에는 선명한 빨강 색이나 분홍색이 어울리며 노란색, 녹색, 갈색 옷에는 오렌지나 갈색 계열의 립스틱이 잘 매치 된다. 검은 색에는 밝은 색이면 어느 것이나 조화를 이룬다. 흰색의 옷에는 부드러운 느낌의 장미빛이 잘 어울리며 너무 어두운 색은 분위기가 탁해지므로 피하는 것이 좋다.

3) 시술방법

① 그리고자 하는 입술의 모양과 색을 결정한다.
② 파운데이션이나 파우더를 입술 주위에 고루 발라 본래의 입술 윤곽이 나타나지 않게 한다.
③ 립 펜슬을 사용하여 입술의 윤곽을 정확히 그린다. 입술선의 중앙을 잡고 양쪽 입술 끝으로 선을 그리고 아래쪽은 입술 끝에서 중앙을 향해 그린다.
④ 입술 윤곽선을 따라서 립 브러시로 입술 전체를 칠한다.
⑤ 티슈를 입술사이에 물고 가볍게 눌러준 뒤 다시 한 번 립스틱을 덧발라주면 오래 지속된다.

4) 입의 형태에 따른 시술방법

입의 크기는 양쪽 검은 눈동자의 안쪽에서 똑바로 아래로 내려온 곳 까지의 크기가 표준이다.

1 두꺼운 입술

① 두꺼운 입술

파운데이션으로 본래 입술 선을 메우고 입술라인을 조금 안쪽으로 그려 입을 작게 보이도록 한다.

2 얇은 입술

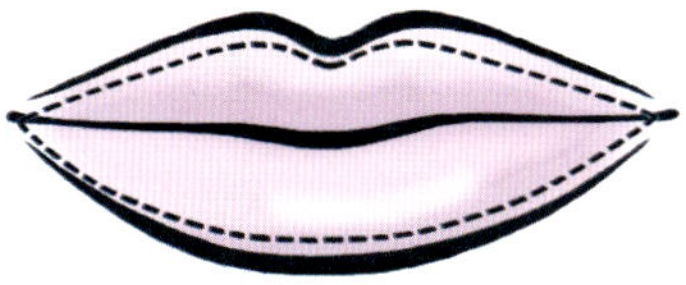

② 얇은 입술

본래의 입술선보다 볼륨감 있게 그려주고 따뜻해 보이는 립스틱을 발라준다.

3 짧은 입술

③ 짧은 입술

본래의 입술보다 입 끝 부분을 1~2mm 밖으로 나가게 그려준다.

4 긴 입술

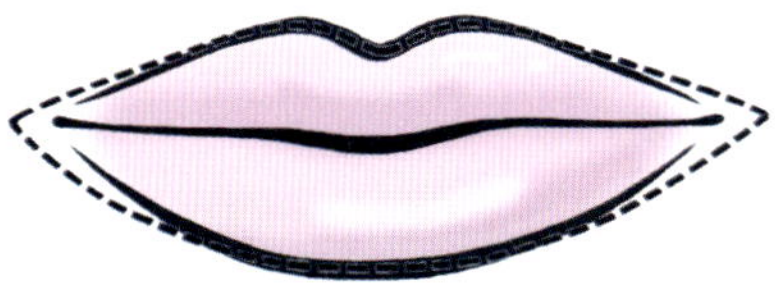

④ 긴 입술

입 끝부분을 본래의 입술보다 조금 안쪽으로 칠해준다.

5 구각이 올라간 입술

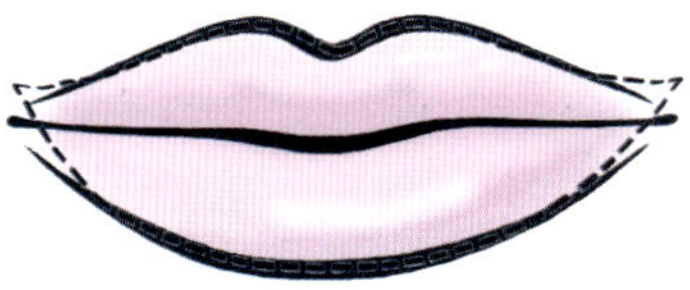

⑤ 구각이 올라간 입술

본래의 입술보다 구각부분을 내려서 그려준다.

6 구각이 올라간 입술

⑥ 구각이 내려간 입술

본래의 입술보다 구각부분을 올려서 그려준다.

제 6 장

메이크업 기법

제6장 메이크업 기법

1. 프레임기법

기법의 기본형으로, 메인 컬러로 아이홀 부분에 골고루 펴준다. 그런 다음 쌍꺼풀 되는 부분을 눈 앞머리부터 눈 꼬리까지 포인트 컬러로 칠하고 그라데이션 해준다.

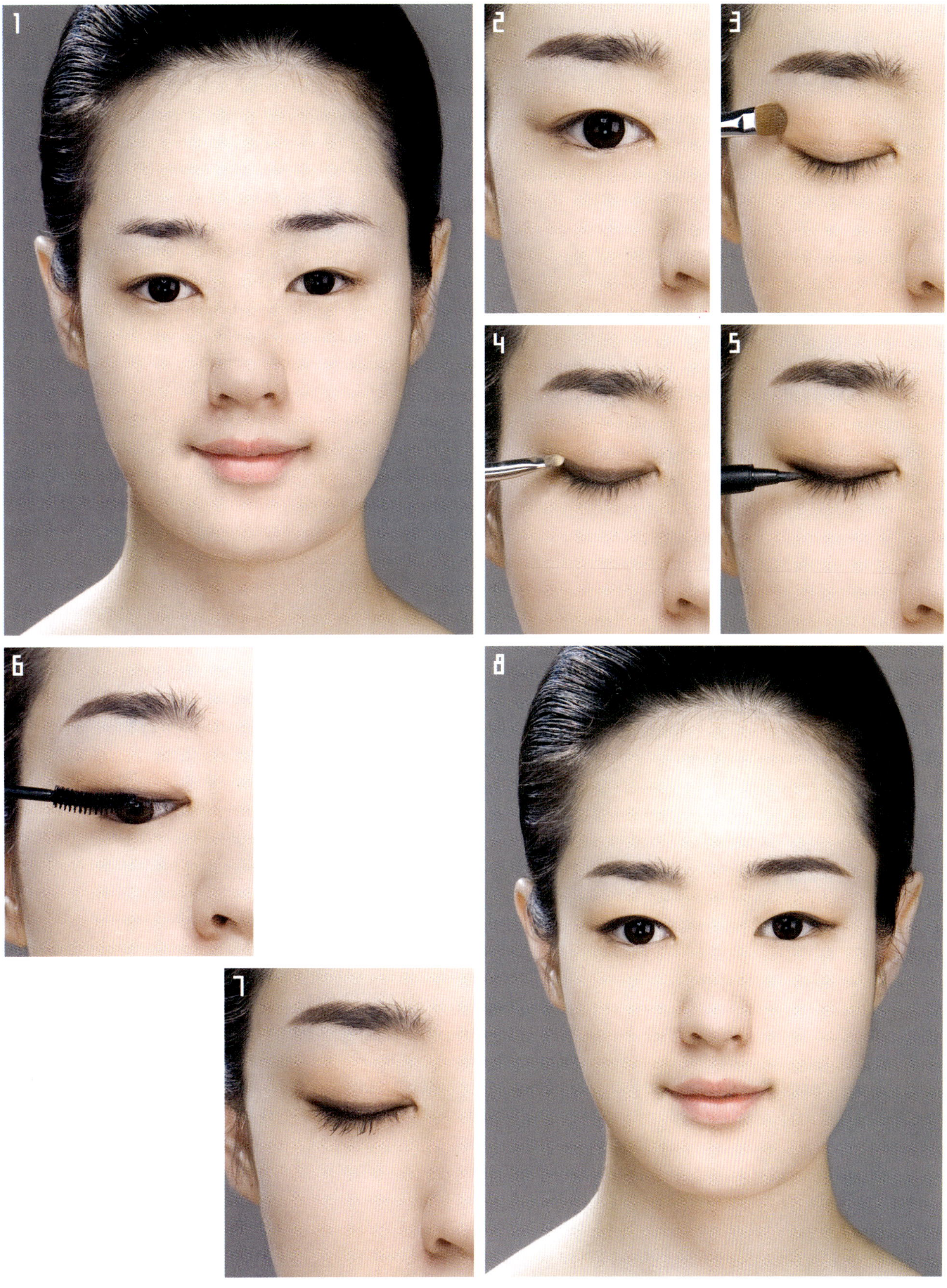
1
2
3
4
5
6
7
8

2. 사선 기법

메인 컬러로 아이홀 부분에 골고루 펴준 다음 포인트 컬러로 사선모양이 되게 그라데이션 해준다. 이때 눈 안쪽까지 하지 않도록 주의한다.

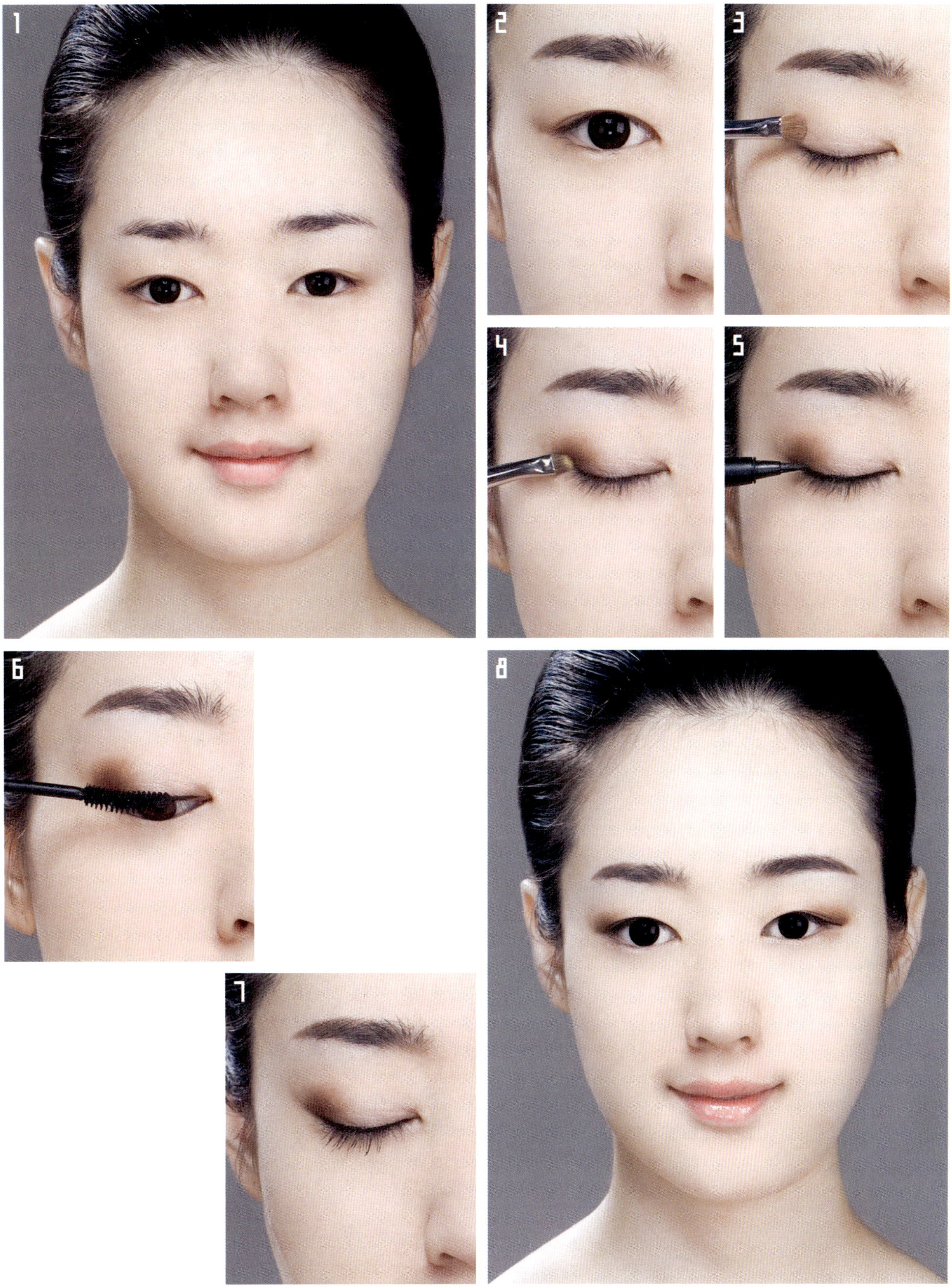

3. 홀 기법 |

눈 1/2이나 1/3지점까지 아이홀을 만든 다음 안쪽으로 그라데이션 해주는 것으로써 맨 처음 화이트로 베이스를 펴준 다음 포인트 컬러로 홀을 잡아 그라데이션 해준다. 그런 다음 포인트 컬러로 언더라인을 그려준다.

1
2
3
4
5
6
7
8
9

4. 홀 기법 II

아이홀 기법 I 과 반대기법으로 홀을 펜슬(펜슬자국이 남지 않도록 브러시로 잘 쓸어준다)로 잡아준 다음 포인트 브러시로 홀 위 부분을 그라데이션 해주고, 홀 아래 부분은 흰색 컬러로 칠해준다. 그런 다음 언더라인을 그려준다.

1
2
3
4
5
6
7
8
9

5. 그라데이션 기법

메인 컬러로 아이홀 부분에 골고루 펴준 다음 상반되는 색으로 쌍꺼풀라인을 칠한 다음 그라데이션 해준다.

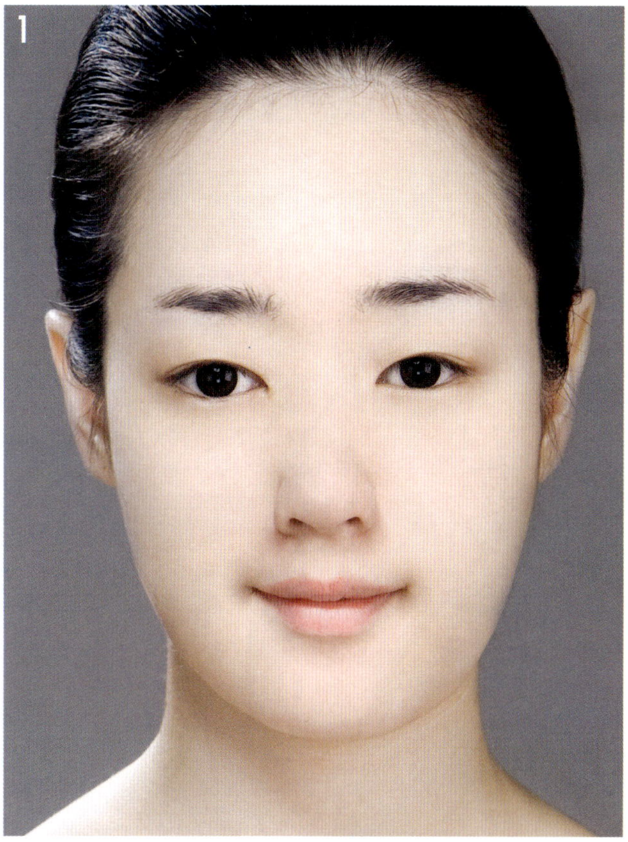
1

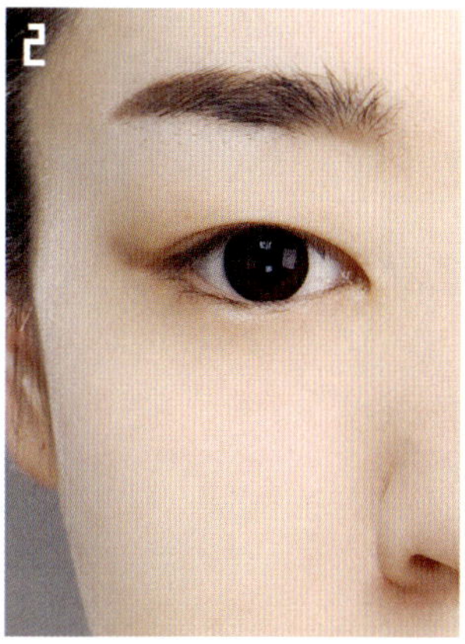
2

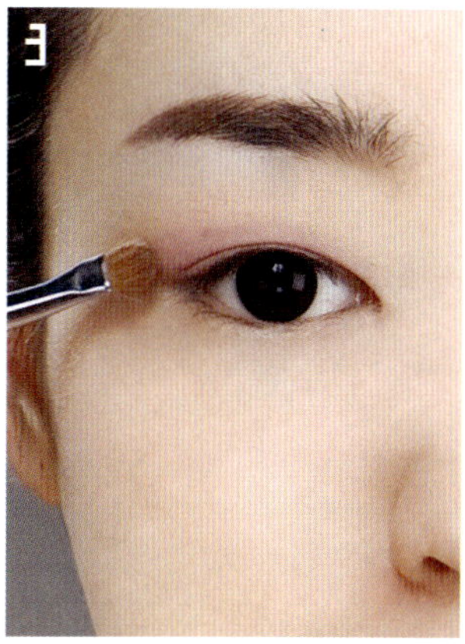
3

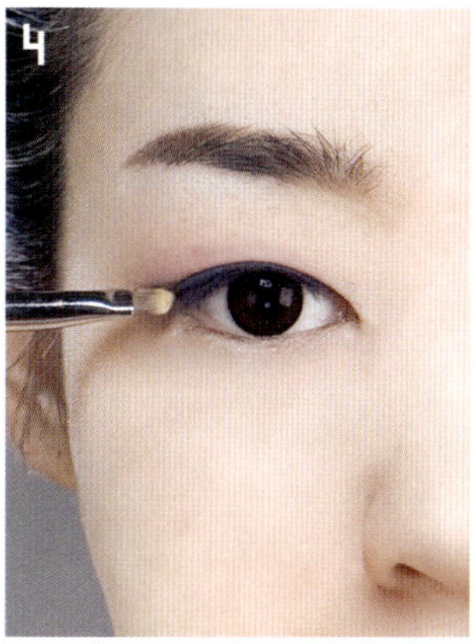
4

5

6

6. 실루엣 기법

눈동자 부분이 포인트 컬러로써 메인 부분을 처음과 끝만 강하게 표현하는데 꼬리부분을 더 강하게 해준다. 그런 다음 밝은 색 펄로 가운데 부분을 밝게 처리해준다.

1
2
3
4
5
6
7
8
9

제 7 장

기본 메이크업 시술과정

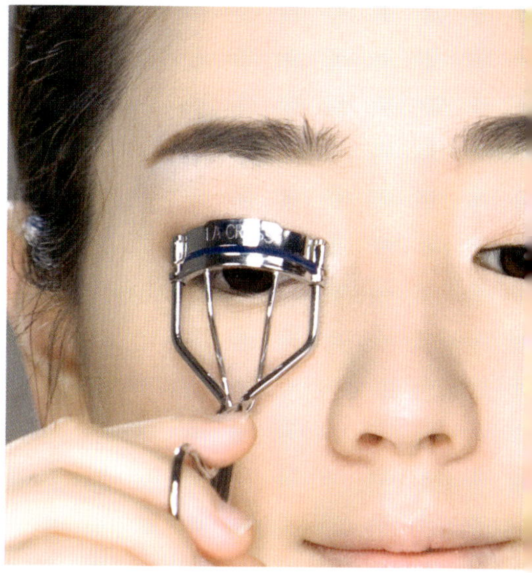

제 7 장
기본 메이크업 시술과정

1. 베이스 메이크업

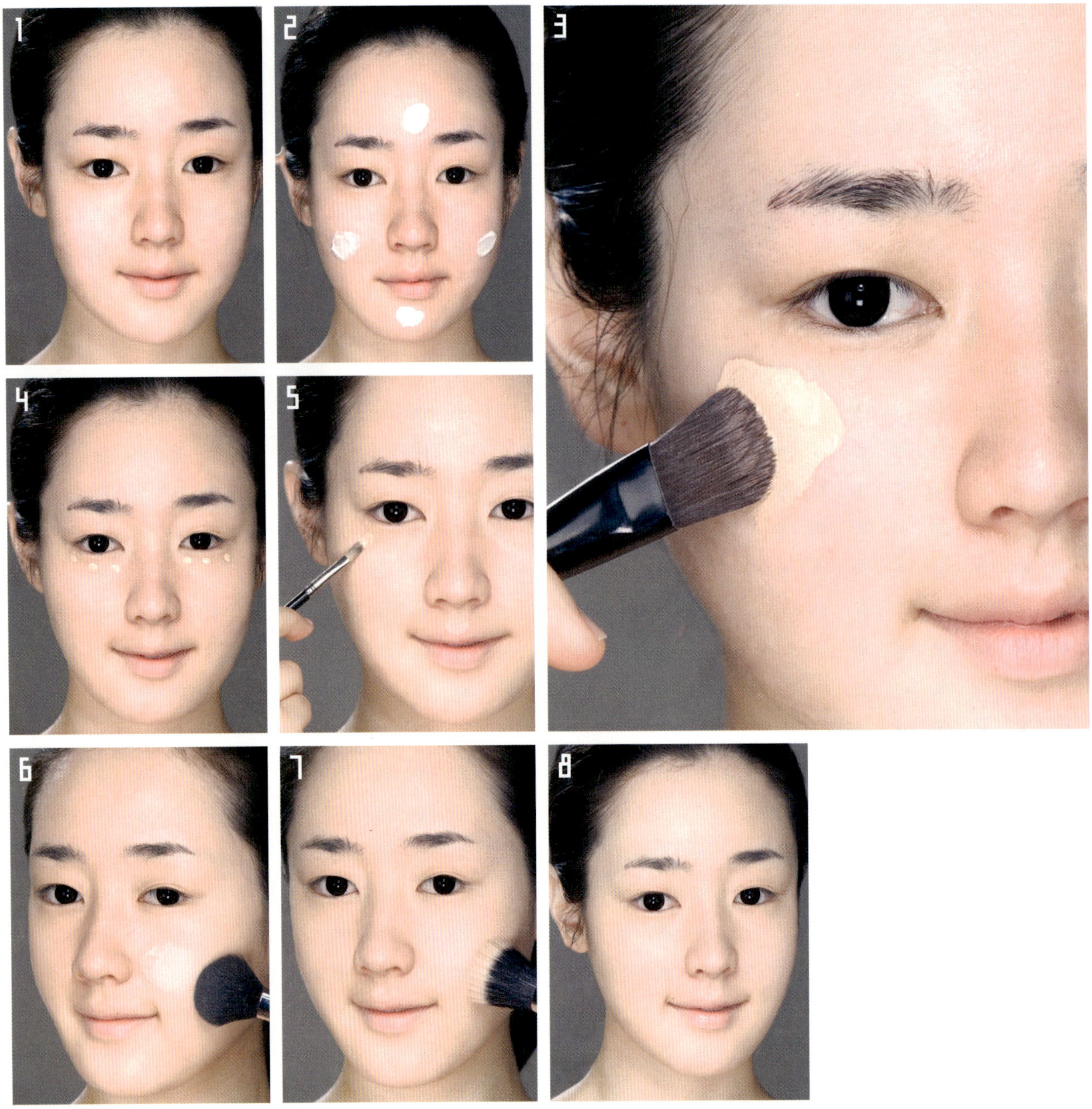

피부색에 어울리는 파운데이션과 메이크업 베이스, 컨실러, 파우더 등 기본적인 피부 표현 제품으로 완성하는 이상적인 베이스 메이크업 하우 투.

1단계 : 기초제품 및 색조화장을 하기 전 단계 얼굴

2단계 : 파운데이션을 바르기 전, 피부 톤을 보정하고 파운데이션의 발색과 밀착력을 높여주는 메이크업 베이스를 얼굴 전체에 바른다. 양 볼을 중심으로 충분히 바르고, 상대적으로 피지 분비가 많은 T존은 볼에 바르고 남은 여분의 제품을 살짝 터치해주듯 바르는 것이 좋다.

3단계 : 리퀴드 파운데이션을 라텍스 스펀지나 파운데이션 브러시를 사용해 얼굴 전체에 균일하게 펴 바른다. 이때 한 번에 많은 양을 바르면 피부표현이 두꺼워보일뿐더러 피부가 들뜨거나 뭉칠 위험이 있어 조금씩 여러 번 나누어 피부에 얇게 밀착시킨다. 파운데이션 역시 양 볼과 이마를 중심으로 바른 후 스펀지와 브러시에 남은 여분의 파운데이션으로 콧등과 턱을 발라주어야 자연스러운 피부색을 연출할 수 있다.

4단계 : 부드러운 크림 타입의 컨실러를 다크 서클 부위에 점을 찍듯 발라놓아 양을 조절한다.

5단계 : 손가락으로 바르면 컨실러가 뭉칠 수 있어 컨실러 전용 브러시로 눈 밑에 잘 밀착되도록 펴 바른다. 이렇게 하면 얇고 효과적으로 다크서클을 커버할 수 있다.

6단계 : 얼굴의 거뭇한 다크 스폿도 컨실러를 활용해 커버한다. 작은 컨실러 브러시에 제품을 묻혀 스폿에 잘 펴 바른 후 손가락으로 스폿의 가장자리를 톡톡 두드려주어 경계선을 없앤다.

베이스 메이크업의 마지막 단계로 파운데이션의 지속력을 높이고 번들거림을 잡아주는 루스 파우더를 얼굴 전체에 펴 바른다. 건성 피부는 이 단계를 생략해도 좋다. 너무 많은 양의 파우더를 바르면 피부가 푸석하고 창백해 보일 수 있어 브러시에 파우더를 소량 묻힌 후 얼굴 전체를 가볍게 쓸어주어 바른 듯 안 바른 듯 보송보송한 단계에서 화장을 마무리한다.

7단계 : 파우더 정리용 브러시를 사용해 루스 파우더가 얼굴에 균일하게 퍼지도록 하고 과도한 양의 파우더를 제거해서 산뜻하게 마무리한다.

8단계 : 투명하고 신선한 느낌을 주는 내추럴 스킨으로 완성된다.

2. 눈썹 메이크업

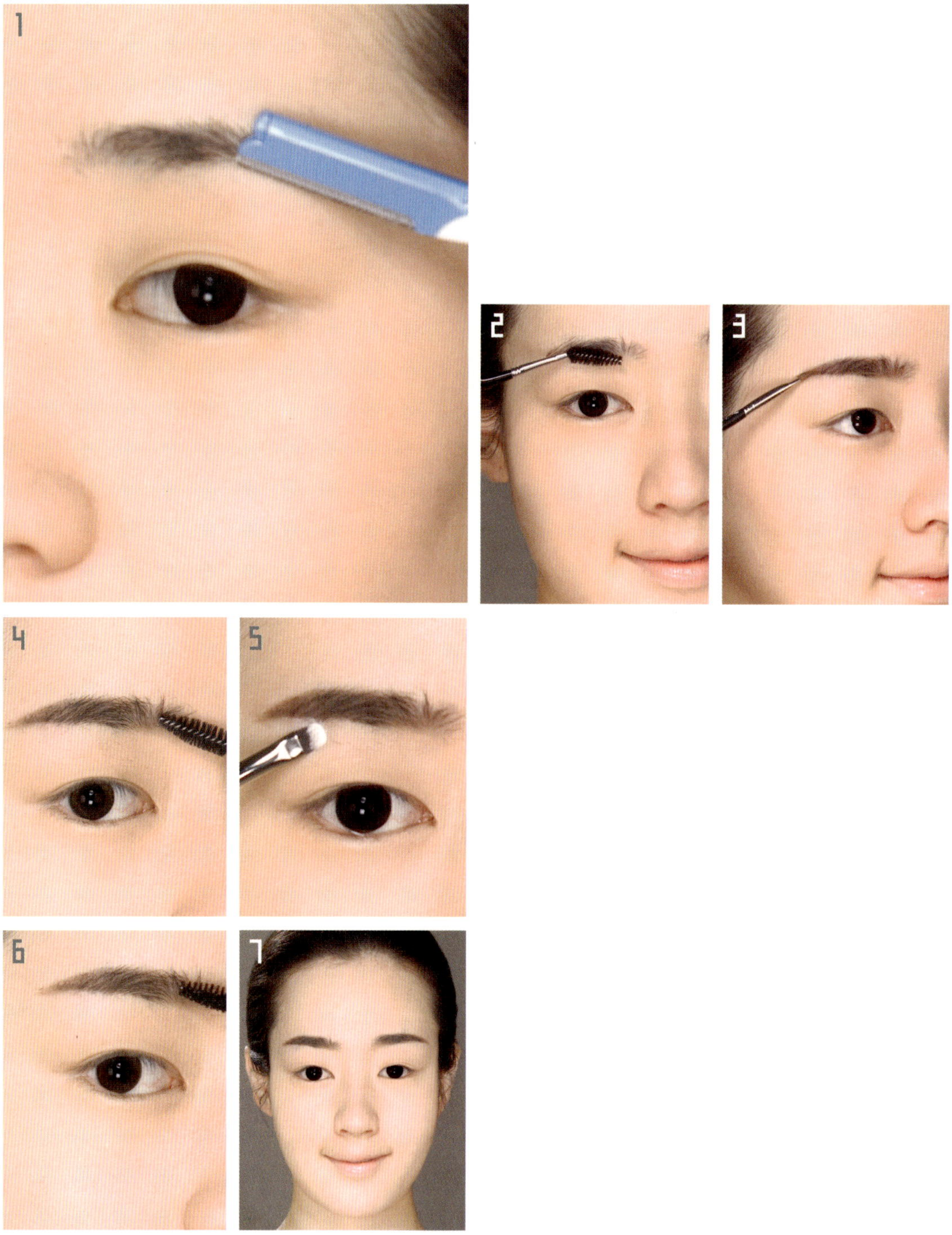

MAKE UP HOW TO

우선 눈썹의 모양과 색상을 정한다. 눈썹의 모양과 색상을 정했다면 본격적인 눈화장에 들어가 가장 기본적이면서도 자연스러운 아름다움이 느껴지는 둥근 기본형 눈썹 표현을 한다.

1단계 : 눈썹아래의 불필요한 눈썹을 제거한다. 숱이 많을 경우 눈썹 칼을 이용해서 눈썹 모양을 정리한다. 눈썹 정리에 서툰 사람이라면 제모 전, 펜슬로 원하는 눈썹의 윤곽을 그린 다음, 외각선 밖으로 삐져 나온 털을 조금씩 정리하면 훨씬 더 수월하게 눈썹 제모를 마칠 수 있다. 한 번에 많은 양의 눈썹을 제거하기보다 눈썹을 그리면서 조금씩 수정하는 것도 바람직한 방법이다.

2단계 : 스크류 브러시를 사용해 눈썹 결을 자연스럽게 살려주어 메이크업을 시작할 수 있도록 준비한다.

3단계 : 아이브로우 펜슬로 눈썹의 윤곽을 잡은 후, 얇고 탄력 있는 브로우 브러시에 브로우 섀도를 묻혀가면서 눈썹의 빈 곳을 채워간다. 이때 한 번에 많은 양의 섀도를 바르는 것 보다 적당한 양의 섀도우를 브러시에 묻힌 후 살짝 털어내고 눈썹에 닿게 해야 눈썹 위에서 섀도우가 뭉치는 것을 방지할 수 있다. 브러시는 눈썹 산에서 끝 쪽으로, 한 방향으로 눈썹을 쓸어주듯 터치한다. 브러시의 털을 눕히지 말고 끝을 살짝 세워서 마치 눈썹을 한 올 한 올 그려 넣는다는 느낌으로 터치한다. 만약 섀도우가 눈썹 외곽선 밖으로 삐져 나왔다면 면봉으로 살짝 닦아내고 다시 그린다.

4단계 : 다시 한 번 스크류 브러시로 눈썹을 결대로 빗어주어 원하는 모양이 완성되었는지 확인한다. 이때 거울을 보면서 양쪽 눈썹이 대칭이 되었는지 확인해야 한다.

5단계 : 눈썹 산부터 눈썹 끝의 바로 아랫부분에 흰색이나 흰색 펄의 섀도우를 살짝 발라 하이라이트를 준다. 이렇게 하면 눈썹 모양이 선명하게 드러나서 깔끔한 눈매로 표현된다.

6단계 : 아이브로우 전용 마스카라를 사용해 눈썹을 촉촉하게 마무리한다. 눈썹 앞머리의 눈썹을 위로 치켜 올리듯 빗어 눈썹이 풍성해 보이도록 한다. 눈썹 숱이 많고 눈썹이 자연스러워 보이도록 하고 싶다면 투명 색상을, 눈썹 숱이 없거나 좀 더 드라마틱한 효과를 원하는 사람은 브라운 색상의 브로우 마스카라를 선택한다.

7단계 : 부드럽고 자연스러운 인상을 주는 둥근 기본형 눈썹이 완성된다.

3. 아이섀도우 메이크업

MAKE UP HOW TO

2~3가지 컬러 섀도우로 눈매를 또렷하고 세련돼 보이도록 해주는 내추럴 메이크업.

1단계 : 눈 화장을 시작하기 전, 3가지 아이섀도를 준비한다. 베이지나 살구, 아이보리처럼 화이트에 가까운 밝은 색상의 아이섀도우를 베이스(BASE) 컬러로 정한다. 다음으로 회갈색이나 라이트 브라운, 모카 같은 중간 톤의 색상을 포인트(Point) 컬러로 준비한다. 마지막으로 다크 브라운, 초콜릿, 월넛, 코코아 같은 진한 색상의 컬러를 컨투어링(Contouring) 컬러로 지정한다. 취향에 따라 진주 펄 같은 하이라이트 컬러를 따로 준비해도 좋다. 먼저 굵은 섀도우 브러시에 베이스 컬러를 묻혀 눈두덩이에 넓게 펴 바른다.

그런 다음 중간 톤의 포인트 컬러를 쌍꺼풀 라인보다 좀 더 넓게 터치한다. 언더라인에도 살짝 바르면 좀 더 분위기 있는 눈매로 연출할 수 있다.

2단계 : 포인트를 주는 진한 컨투어링 컬러로 쌍꺼풀 라인과 눈 꼬리 부분을 터치한다. 사진처럼 작고 탄력 있는 원통형 브러시를 사용하면 섀도우를 좀 더 효과적으로 바를 수 있다. 눈이 작은 사람들은 눈 꼬리 부분을 좀 더 두껍게 터치하면 눈을 떴을 때 시원스런 느낌을 연출할 수 있다.

3단계 : 컨투어링 컬러를 사용해 그윽한 눈매를 만들었다면 베이스 컬러로 눈가에 입체감을 더한다. 베이스 컬러를 섀도 브러시에 묻혀 눈두덩의 중앙을 터치해준다. 베이스 컬러가 눈 중앙을 환하게 밝혀 눈두덩의 둥근 능선이 자연스럽게 살아나면서 입체적인 눈매가 된다. 브러시에 남은 베이스 컬러로 눈썹 뼈를 살짝 터치하는 것도 좋다. 단, 너무 밝은 톤의 섀도우나 과도한 펄이 함유된 섀도우로 눈썹 뼈를 강조하면 촌스러운 느낌이 날 수 있으므로 바른 듯 안 바른 듯 최대한 자연스럽게 하이라이트를 주는 것이 중요하다.

4단계 : 진한 컨투어링 컬러를 언더라인을 따라 살짝 펴 바른다. 눈 앞쪽보다는 중간부터 눈 꼬리까지의 라인에만 터치하는 것이 좋다. 눈 위쪽 아이라인과 언더라인을 눈 꼬리에서 자연스럽게 연결해주듯이 마무리한다.

5단계 : 은은하게 반짝이는 화이트 펄 섀도우를 눈 앞쪽 코너에 소량만 펴 바른다. 과도하게 바르면 자칫 눈이 부어 보일 수 있으므로 주의한다. 섀도우 브러시에 조금씩 섀도우를 묻혀가면서 소량으르 발라준다. 눈 앞쪽을 자연스럽게 밝혀 크고 싱그러운 눈매가 완성된다.

4. 아이라인 메이크업

MAKE UP HOW TO

번짐이 덜하고 선명하게 발색되는 젤 아이라이너로 깔끔하고 또렷한 아이라인을 완성하는 아이라인 하우투.

1단계 : 젤 아이라이너 블랙 색상을 탄력 있는 납작한 아이라이너 브러시에 적당량 묻힌 다음 아이라인을 따라 점선을 그린다. 한 번에 아이라인을 그리기 힘든 메이크업 초보자들은 아이라인 중간 중간에 점선을 찍어놓은 후 점선 사이를 서서히 이어주듯 라인을 덧칠하면 보다 쉽게 아이라인을 완성할 수 있다.

2단계 : 아이라인 브러시를 눈 앞쪽에서 눈 꼬리 방향으로 서서히 움직이면서 점선을 메워준다. 탱탱하고 끝이 날카로운 납작 브러시를 속눈썹 점막 부분에 최대한 밀착시켜 라인을 그려야 선이 삐뚤어지지 않는다. 속눈썹 사이사이의 빈 공간을 메우듯 세심하게 터치한다. 속눈썹 사이에 하얀 빈 공간이 남으면 블랙 라인이 눈에서 떨어져 보여 어색한 화장이 되니 조심해야 한다.

3단계 : 젤 아이라이너로 선명한 블랙 라인을 완성했다면 납작한 섀도우 브러시에 블랙 아이섀도우를 묻혀 다시 한 번 라인을 따라 그려준다. 이렇게 하면 젤 아이라이너의 색상이 오랫동안 유지되고 잘 벗겨지지 않는 효과가 있다.

4단계 : 라인 밖으로 삐져 나온 젤과 섀도우는 면봉으로 조심스럽게 닦아낸다. 메이크업 초보자들은 언더라인에는 되도록 라인을 그리지 말고 깨끗한 인상으로 화장을 마무리한다. 만약 좀 더 화사하고 시원한 눈매를 원한다면 언더라인에만 화이트 펜슬로 그려준다. 그런 다음 화이트 색상이 너무 눈에 튀지 않도록 면봉으로 라이너가 뭉친 부분을 깔끔하게 정리해 자연스러운 느낌으로 마무리한다.

5. 마스카라 메이크업

MAKE UP HOW TO

블랙 마스카라로 깊고 그윽하며, 고혹적인 눈매를 완성하는 속눈썹 메이크업 하우 투.

1단계 : 시선을 아래로 향한 후 눈을 반쯤 감은 상태에서 아이래시 컬러로 위쪽 속눈썹을 집어 자연스러운 둥근 컬을 만든다. 동양인의 경우 속눈썹이 아래로 쳐져 있는 직모인 경우가 많다. 따라서 마스카라를 하기 전에는 반드시 속눈썹을 가볍게 위로 말아 올려주어야 마스카라의 효과를 제대로 낼 수 있다.

2단계 : 마스카라 브러시를 속눈썹 뿌리 부분에 바짝 밀착시킨 후 브러시를 좌우로 흔들면서 속눈썹에 마스카라 액을 골고루 바르고 위쪽으로 살짝 빼낸다. 마스카라가 마를 때까지 약 30초 정도 기다렸다가 한 번 더 바른다. 마스카라를 바를 때는 눈가에 마스카라 액이 묻을까 염려하지 말고 속눈썹을 컬링하는 동작에만 집중한다. 얼굴에 묻은 마스카라 액은 속눈썹 화장을 마친 후 다시 깔끔하게 정리할 수 있다.

3단계 : 스크류 브러시로 마스카라 액이 뭉쳐 있는 속눈썹을 살짝 빗어준다. 뭉침 없이 한 올 한 올 부드럽게 컬링 되도록 정리한다.

4단계 : 위쪽 속눈썹에 바르고 남은 마스카라 액을 아래 속눈썹에도 살짝 발라 준다. 너무 많은 양을 바르겠다는 욕심을 버리고 브러시로 아이라인을 따라 한 두 번 스치는 정도로만 발라준다.

5단계 : 언더라인의 속눈썹은 숱이 적고 길이도 상대적으로 짧기 때문에 마스카라 액이 쉽게 묻어난다. 마스카라가 마르기 전에 면봉으로 묻어난 마스카라를 닦아내고 브러시를 사용해 파우더를 언더라인과 눈 밑을 쓸어주듯 터치해 마무리한다.

6단계 : 마스카라를 다 발랐다면 거울을 보면서 좌우 양쪽의 속눈썹이 자연스럽게 대칭을 이루는지 확인한다. 만약 한쪽의 속눈썹이 상대적으로 많이 쳐져 있다면 아이래시 컬러나 뷰러로 속눈썹을 다시 한 번 강하게 집어준 후 마스카라를 덧발라 균형을 맞춘다.

6. 치크 & 하이라이트 메이크업

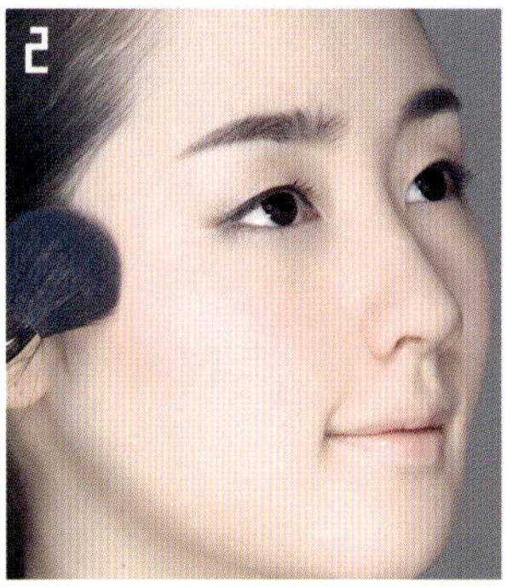

MAKE UP HOW TO

얼굴에 화사한 혈색과 자연스런 홍조를 선사하는 핑크빛 블러쉬 터치법 하우 투.

1단계 : 자연스러운 생기를 주는 핑크빛 파우더 블러쉬를 둥글고 큰 브러시에 충분히 묻힌 후 공중에서 살짝 털어 적당량의 파우더만 남도록 준비한다. 그런 다음 미소 지을 때 광대뼈에서 동그랗게 튀어 올라오는 애플존을 중심으로 브러시를 둥글리듯 가볍게 터치한다.

2단계 : 블러쉬 컬러가 가장 진하게 발색되는 '블러쉬 포인트 존'이 동그란 애플존 위에 위치하도록 한다. 광대뼈 위쪽을 터치하면 자칫 나이 들어 보이거나 광대뼈가 튀어나와 보일 수 있으니 주의한다. 자연스러운 혈색으로 표현하기 위해서는 눈 밑이나 볼 밑은 블러쉬를 터치하지 않는다. 블러쉬를 바른 후 사진처럼 애플존에서 관자놀이, 귀 방향으로 브러시를 길게 쓸어 얼굴에 입체감을 더한다. 단, 애플존에 터치한 후 브러시에 남은 여분의 블러쉬로 터치해야 진하지 않으면서도 자연스럽게 얼굴 윤곽을 정리할 수 있다.

3단계 : 얼굴을 작고 입체적으로 보이도록 하기 위해 파우더 타입의 하이라이터로 하이라이트를 준다. 둥근 섀도우 브러시에 하이라이터를 소량 묻힌 후 블러쉬가 닿지 않은 언더 아이 존을 넓게 터치한다. 하이라이터가 없다면 화이트 컬러 섀도나 펄 베이스 크림으로 대신해도 좋다. 한 번에 너무 많은 양의 하이라이터를 사용하면 어색하고 인위적으로 보일 수 있으니 소량을 여러 번 나누어 덧발라 농도를 조절한다. 컬러 자체가 발색되기보다는 은은한 진주빛 펄이 자연스럽게 반짝이는 정도에서 마무리한다.

4단계 : 콧등에서부터 이마에 이르는 T존 부위도 살짝 터치해 얼굴에 입체감을 더한다. 하이라이터를 과도하게 사용했다면 브러시에 루스 파우더를 살짝 묻혀 하이라이터를 바른 부위에 덧발라 번들거림을 잡아준다.

7. 립 메이크업

MAKE UP HOW TO

여성들에게 가장 잘 어울리고 무난한 핑크 컬러 립스틱으로 자연스럽게 빛나는 사랑스러운 입술을 완성하는 립 메이크업 하우 투.

1단계 : 피부 화장을 하고 남은 여분의 파운데이션이나 컨실러를 사용해 입술의 붉은기를 커버한다. 손가락으로 톡톡 두드리듯 바르거나 퍼프를 사용해 지긋이 눌러주듯 터치한다.
 이렇게 하면 립스틱의 색상이 선명하게 발색될 뿐 아니라 밀착력을 높여 오랫동안 립스틱이 잘 지워지지 않는 효과를 볼 수 있다.

2단계 : 입술의 세로 주름 사이사이를 채우고 입술의 각질을 가라앉혀주는 립 프라이머를 소량 바른다.

3단계 : 립스틱을 립 브러시에 충분히 묻힌 후 아랫입술 중앙에서부터 시작해 입술 전체에 꼼꼼하게 펴 바른다. 브러시를 강하게 휘저으면 각질이 일어날 수 있으므로 손의 힘을 뺀 상태에서 천천히 조심스럽게 입술을 터치한다. 입술의 외곽선은 립 브러시를 뾰족하게 세워서 라인 밖으로 삐져 나가지 않도록 잘 그린다.

4단계 : 립스틱을 펴 바른 다음 면봉으로 입술의 외곽선을 깔끔하게 정리한다.

5단계 : 티슈나 블로팅 페이퍼로 입술 표면을 살짝 찍어낸다. 이렇게 하면 입술의 과도한 유분이 제거되어 립스틱의 지속력이 높아진다. 이때 너무 강하게 누르면 립스틱이 밀리고 각질이 일어나므로 유분이 묻어날 정도로만 살짝 터치한다.

6단계 : 립 브러시로 다시 한 번 립스틱을 펴 바른다. 그런 다음 사진처럼 납작한 컨실러 브러시에 컨실러를 소량 묻혀 입술 외곽선 밖으로 삐져 나온 립스틱을 지운다.

7단계 : 투명 립글로스를 립 브러시에 묻혀 입술 중앙에서부터 시작해 입술 전체에 고루 펴 바른다. 립스틱이 밀리지 않도록 립글로스를 입술에 얹혀놓는다는 기분으로 조심스럽게 터치한다.

8단계 : 면봉으로 번진 립글로스를 정리하면 빛에 따라 화사하게 반짝이는 핑크 립이 완성된다.

8. 메이크업 Before & After

9. Make up know how

1) Base make up know how

모든 메이크업은 피부 톤을 일정하게 만들고 잡티를 커버해서 투명하고 깨끗한 피부로 만드는데서 메이크업이 시작된다. 메이크업 초보자들은 자칫 이 과정을 피부색을 본인 피부보다 하얗게 바꾸고 여드름이나 주근깨를 완전히 가려 전혀 다른 피부로 표현하는 단계로 오해할 수 있다. 하지만 피부 톤을 보정하는 메이크업 베이스와 피부결을 매끈하게 정리해주는 프라이머, 그리고 피부색을 결정짓는 파운데이션 같은 베이스 메이크업 제품들은 피부를 고르고 매끄럽게 보정해줄 뿐 피부 자체를 바꿔주는 해결사가 아니다. 즉, 피부 화장을 할 때는 많은 양의 파운데이션으로 피부 결점을 모두 커버하려는 욕심을 버려야 한다.

한 듯 안 한 듯한 쌩얼 피부가 지속적인 인기를 얻고 있는 요즘, 투명하게 빛나면서도 매끄러운 도자기 같은 피부 표현은 메이크업 초보자들도 잊지 말아야 할 메이크업 법칙이다. 자연스럽게 빛나는 내추럴 피부를 만들기 위해서 우선 파운데이션은 질감과 사용 방법에 따라 여러 종류로 나뉜다. 커버력이 좋은 걸죽한 크림 파운데이션부터 묽은 액상 타입의 리퀴드 파운데이션, 메이크업 수정에 용이한 딱딱한 스틱 파운데이션, 펄 입자가 들어 있는 시어 파운데이션, 보송보송한 케이크 타입의 콤팩트 파운데이션 등이 이에 해당한다. 하지만 탱탱하고 어린 사람의 경우 피부에 가볍게 밀착되면서 자연스러운 느낌을 주는 리퀴드 파운데이션이 가장 적합한 제품이라 할 수 있다. 자신의 피부에 맞는 완벽한 리퀴드 파운데이션을 골랐다면 피부 화장의 절반이 끝난 것과 다름없다. 약간의 컨실러와 피부를 보송보송하게 연출해주는 루스 파우더를 곁들여 피부 미인이 되는 방법을 터득한다.

2) Eyebrow know how

눈썹은 얼굴의 인상을 결정짓는 가장 중요한 부위중 하나다. 눈썹 모양에 따라 여러 가지 이미지를 연출할 수 있기 때문이다. 메이크업을 처음 시작하는 사람들은 자신의 눈썹 모양을 최대한 살리는 눈썹 화장을 하는 것이 좋다. 눈썹 화장은 새로운 모양의 눈썹을 만드는 것보다 원래 자신의 눈썹을 보기 좋게 다듬는 과정이다. 개개인의 취향에 따라 지금과는 다른 눈썹 모양을 선택할 수도 있지만 되도록 눈썹 정리를 최소화한 상태에서 눈썹의 빈 부위만을 아이브로우 제품으로 채운 후 눈썹 결을 살려주는 것으로 마무리한다. 많은 사람들이 족집게나 왁싱, 레이저 등으로 완벽한 눈썹 모양을 만들려고 애쓰지만 너무 많은 양의 눈썹을 제거할 경우 어색한 인상을 만들 수도 있다. 눈썹을 정리할 때는 눈썹 중앙부터 끝부분 아래의 눈썹 털만을 제거하는 것이 바람직하다. 눈썹 위나 눈썹 앞머리의 눈썹을 꼭 제거하고 싶다면 초보자들은 하기 어려우므로 뷰티샵을 찾아 전문가의 손을 빌리는 편이 낫다. 면도칼이나 족집게를 사용해서 최대한 적은 양의 털을 제거하되, 밝은 조명 아래서 양쪽 눈썹을 번갈아 살펴가며 제모해 균형을 맞추는 것도 중요하다. 한꺼번에 너무 많은 양을 뽑기보다는 메이크업 시작부터 눈썹 화장을 마칠 때까지 시간을 두고 천천히 눈썹의 모양을 조율해간다. 한 번 제거된 눈썹은 다시 자랄 때까지 긴 시간이 걸리므로 자연스러운 표정을 위해서는 조금 아쉬운 정도에서 눈썹 제모를 마치는 것이 현명하다.

3) Eyeshadow know how

눈썹으로 얼굴 전체에 윤곽을 잡아주었다면 이제 다양한 아이섀도우를 활용해 눈가에 부드러운 음영을 만든다. 메이크업 초보자의 경우 차분하고 은은한 내추럴 색상의 아이섀도우를 준비하되, 2~3가지 서로 다른 톤의 아이섀도우로 눈가에 자연스러운 입체감을 더하는 것이 좋다. 눈동자가 갈색인 동양인의 경우 브론즈나 골드, 쿠퍼 같은 대지나 광물 컬러가 눈을 더 매혹적으로 보이도록 해준다. 밝은 톤의 베이지 컬러를 눈두덩 전체에 바른 후 골드가 살짝 감도는 브라운 섀도우로 쌍꺼풀 라인을 따라 한 번 더 덧바르되, 눈 밑 언더라인에도 살짝 터치해준다. 좀 더 환한 눈매로 연출하고 싶다면 화이트나 진주 펄이 들어간 화이트 색상의 아이섀도우는 단독으로 사용할 수 있을 뿐만 아니라 컨실러를 바른 다크서클 부위에 덧바르거나 콧등과 눈썹 뼈, 광대뼈 부위에 터치해서 얼굴에 입체감을 주는 하이라이트 대신으로 활용할 수 있다.

한 가지 계열의 색상이 여러 톤으로 구성된 아이섀도 팔레트는 입체감 있는 눈 화장을 연출하는데 도움이 된다. 하지만 초보자의 경우 눈 화장을 할 때 2~3가지 서로 다른 색상의 섀도우를 한 번에 사용하는 일은 극히 드물 뿐 아니라, 채도와 명도가 제각기인 알록달록한 컬러 팔레트는 그림의 떡일 뿐이다. 차라리 꼭 필요한 은은한 살구와 베이지, 브라운 색상의 싱글 아이섀도우 2~3가지를 구입하는 것이 훨씬 더 경제적이면서도 예쁜 화장을 할 수 있는 방법이다. 처음 구입하는 아이섀도우는 펄이 과도하게 들어 있지 않고 펄 입자가 작아 은은하게 퍼지고 만져봤을 때 질감이 살짝 매트한 것을 고르는 것이 현명하다.

4) Eyeline know how

눈두덩이 도톰하고 쌍꺼풀이 없는 동양인에게 아이라인만큼 중요한 메이크업 단계도 없다. 어두운 컬러로 아이라인을 강조하면 눈매가 길고 또렷해 보이는 인상을 줄 수 있다. 따라서 밝은 색상보다는 다크 브라운이나 네이비, 또는 블랙 같은 얼굴에 바르는 색상 중 가장 진한 컬러를 선택해야 효과가 좋다.

아이라인은 속눈썹이 시작되는 눈 앞쪽 코너부터 눈 꼬리까지 속눈썹이 난 자리를 따라 속눈썹 사이사이를 메워주듯 그리는 것을 원칙으로 한다. 아이라이너는 질감과 형태에 따라 리퀴드, 젤, 크림, 펜슬 타입의 제품이 있지만 초보자의 경우 미세한 붓으로 그려야 하는 리퀴드 보다는 젤 타입의 아이라이너를 사용하거나 짙은 브라운 컬러의 아이섀도우로 아이라이너를 대신하는 것이 좋다.

아이라이너를 쉽게 그릴 수 있는 방법은 먼저, 납작한 아이라이너 브러시에 젤 타입의 아이라이너를 묻힌 후 속눈썹 라인을 따라 브러시를 천천히 눈 앞쪽에서 뒤쪽으로 움직여 라인을 그려 넣는다. 펜슬 라이너의 경우 그리기는 편하지만 쉽게 번지고 바르면서 부분적으로 뭉칠 수 있으므로 젤 타입의 라이너를 바른 후 그 위에 덧바르는 용도로 사용한다. 좀 더 자연스러운 질감을 원한다면 마스카라를 할 때 마스카라 브러시를 속눈썹 뿌리 쪽에 바짝 대고 한두 번 비벼주면 자연스럽게 속눈썹점막에 마스카라 액이 묻으면서 라인을 그린 듯한 효과가 있다. 아이라이너는 속눈썹 점막을 따라 최대한 얇게 그리는 것이 정석이다. 단 스모키 아이처럼 눈매를 강조하는 메이크업을 할 때는 브러시를 사용해 라인을 조금 넓게 그리되, 진한 색상의 섀도우로 아이라이너를 자연스럽게 블렌딩 해주어 아이라인만 동동 떠 보이지 않도록 표현하는 것이 중요하다.

5) Mascara know how

우선 마스카라를 열고 마스카라 브러시를 티슈로 한 번 살짝 닦아낸다. 이렇게 하면 속눈썹이 부분적으로 뭉치는 것을 방지할 수 있다. 마스카라를 바를 때는 먼저 마스카라 브러시를 눈 중앙 부위의 속눈썹 뿌리에 바짝 밀착시킨다. 지그재그로 브러시를 움직이면서 속눈썹 뿌리부터 끝까지 꼼꼼히 바른다. 가운데 속눈썹에 마스카라를 칠한 후에는 눈 앞쪽과 뒤쪽 속눈썹에도 마스카라를 바른다. 마스카라가 마를 때까지 30초간 기다린 후 다시 한 번 마스카라를 바르고 속눈썹 빗으로 눈썹을 살살 빗어 뭉침 없이 깨끗하게 마무리한다.

좀 더 극적인 효과를 원한다면 헤어 드라이어로 아이래시 컬러를 살짝 데운 후 속눈썹을 집어주는 것이 좋다. 시간이 지나면서 마스카라액이 딱딱하게 굳는 느낌이 든다면 마스카라를 따뜻한 물에 약 2분간 담갔다가 사용하면 된다(단, 용기의 절반 이상이 물에 잠기지 않도록 주의한다). 이렇게 하면 마스카라 액이 살짝 녹으면서 속눈썹에 뭉침 없이 매끄럽게 발린다. 마스카라는 보통 속눈썹이 풍성해 보이도록 해주는 볼륨 업 마스카라와 속눈썹의 길이를 늘려주는 렝쓰닝 마스카라, 그리고 이 두 가지 효과를 한꺼번에 선사하는 더블 이펙트 마스카라, 마스카라 위에 덧바르는 코팅 마스카라, 그리고 빛에 따라 신비하게 반짝이도록 고안된 펄 마스카라 등이 있다. 마스카라를 고르는 방법은 화장품 매장에 들러 샘플로 준비된 블랙 마스카라를 두 번 정도 꼼꼼히 덧 바른 후 1~2시간 동안 쇼핑한 다음 거울을 보고 마스카라가 번지지는 않았는지, 마스카라 찌꺼기가 떨어져 눈 밑이 까맣게 변하지는 않았는지, 마스카라 액이 무거워 속눈썹이 밑으로 축 처지진 않았는지를 체크하면 된다.

6) Blush know how

볼터치라고도 불리는 블러쉬는 피부 메이크업으로 인해 혈색이 없어진 피부에 다시 적당한 홍조와 은은한 반짝임을 줄 때 사용한다. 질감과 형태에 따라 파우더, 크림, 스틱, 틴티드 블러쉬 등 다양한 종류로 나뉘는데, 특별한 테크닉 없이 무난하게 양 볼을 붉은 사과처럼 만들고 싶다면 파우더 타입의 블러쉬를 선택하는 것이 좋다.

블러쉬는 파운데이션을 바르기 전과 후의 발색이 서로 다르므로 메이크업 후에 매장에 들러 테스트하는 것이 바람직하다. 크림이나 스틱 타입의 블러쉬는 선명한 컬러가 드라마틱한 효과를 주지만, 쉽게 지워질 뿐 아니라 초보자들의 경우 피부 메이크업을 얼룩지게 만들 수 있으니 신중하게 선택해야 한다. 꼭 사용하고 싶다면 파운데이션을 바를 때 사용했던 라텍스 스펀지에 크림 블러쉬를 소량 묻힌 후 광대뼈를 중심으로 톡톡 두드리며 바르고 손가락으로 농도를 조절하면서 피부에 흡수시키는 것이 좋다. 지성 피부라면 크림 타입보다는 기름기가 많고 번지기 쉬우므로 파우더 타입을 선택하는 것이 현명하다. 하이라이터 역시 과도하게 사용하지 않는 것이 중요하다. 소량을 사용하는 것을 원칙으로 하고 부분적으로 터치한다.

예를 들면 T존이나 광대뼈 바로 윗부분, 눈 앞쪽 코너, 그리고 윗입술 중앙 등이 이에 속한다. 피지 분비가 많고 화장이 쉽게 뭉치는 지성 피부들은 크림보다는 파우더 타입의 하이라이터를 사용하는 것이 바람직하다. 실수로 너무 많은 양의 하이라이터를 터치해 얼굴이 과도하게 번들거린다면 피부 화장을 할 때 사용했던 여분의 파운데이션으로 번들거림을 가라앉히면서 농도를 조절한다.

7) Lip make up know how

립스틱을 바르기에 앞서 첫 단계는 입술 본연의 붉은기를 커버하는 것이다. 입술 색을 가리고 입술 피부를 깔끔하게 정리해주는 입술 전용 프라이머를 바르는 것도 좋지만 이 제품이 없다면 피부 화장을 하고 남은 스펀지에 묻은 여분의 파운데이션이나 컨실러를 입술에 살살 터치해 붉은기를 커버해도 된다. 립브러시를 사용해 입술 전체에 꼼꼼하게 컬러를 입혔다면 티슈나 블로팅페이퍼로 입술의 유분기를 살짝 닦아낸 후 한 번 더 립스틱을 덧바른다. 이렇게 하면 좀처럼 지워지지 않는 완벽한 입술 화장을 완성할 수 있다.

한편 여성들이 손쉽게 사용하는 립글로스의 경우 자연스러운 분위기를 내기는 하지만 지속력과 발색력이 떨어지는 것이 단점이다. 립 틴트로 입술에 적당히 색을 입힌 후 립글로스를 바르면 투명하면서도 생기 있는 입술로 연출된다. 화장을 처음 시작하는 여성들은 살구나, 베이지, 핑크, 코랄 계열의 립스틱을 선택해야 후회가 덜하다. 이러한 컬러들은 서투른 화장 솜씨를 감춰주어 웬만한 실수는 잘 티가 나지 않기 때문이다. 만약 진한 레드나 와인 계열의 립스틱을 발랐다면 입술선이 번지지는 않았는지, 립스틱색상이 다 지워지지는 않았는지, 립스틱이 앞니에 묻어나지는 않았는지 꼼꼼히 체크해야 한다. 따라서 진한 색상의 립스틱은 입술 선을 정리해주는 립 라이너와 립스틱의 번짐 현상을 줄여주는 립 프라이머 등, 기능성 제품들과 함께 사용하거나 입술 화장에 충분히 익숙해지고 나서 시도하는 것이 바람직하다.

제 8 장

계절 메이크업

제 8 장 계절 메이크업

1. 봄 메이크업

봄의 이미지는 생명력을 지닌 생동감, 발랄함 등에 있으며 화사하고 소프트하게 표현한다. 봄 메이크업은 촉촉한 느낌의 자연스런 면을 강조하도록 하고 색감을 강조하지 않은 밝고 산뜻한 표현이 되도록 한다. 봄을 표현하는 이미지 컬러는 그린, 옐로우, 오렌지, 핑크계열이다.

1) 피부

모델의 피부와 같은 톤의 리퀴드 타입 파운데이션으로 무겁지 않고 촉촉하게 표현하고 강한 입체감이 표현되는 수정메이크업은 자제하도록 한다. 투명파우더를 이용하여 투명한 피부를 연출한다.

2) 눈

메이크업 자체가 진하지 않기 때문에 눈썹은 상승형 혹은 약간 각이 있는 기본형으로 생동감 있게 그려주고 아이섀도우는 봄을 연상시킬 수 있는 핑크나 오렌지 계열로 프레임기법을 사용한다. 하지만 눈두덩이가 수북한 사람은 가급적 오렌지 계열은 더 부어 보일 수 있으므로 피하는 것이 좋다. 아이라이너와 마스카라 역시 너무 두껍거나 튀는 것은 삼가도록 하며 투명마스카라로 깔끔한 눈매를 연출한다. 인조속눈썹은 사용하지 않아도 무방하나 사용할 경우 속눈썹의 반만 끝 쪽에 붙여주도록 한다.

3) 입술

파스텔 톤의 핑크나 오렌지 계열로 하되 아이섀도우와 비슷한 계열의 색으로 연하고 밝게 칠해주며 립글로스를 사용해 촉촉하게 표현해 준다. 입술 산이 각지지 않도록 곡선 형태로 그려준다.

4) 치크

치크는 광대뼈 부분에 은은한 핑크로 부드럽게 펴 발라준다.

1
2
3
4
5
6
7
8
9
10
11

2. 여름 메이크업

여름의 이미지는 시원한 느낌을 주는 것이 좋다. 따라서 원색적인 색감을 표현할 수 있으며 보송보송한 피부표현에 중점을 둔다. 방수효과, 자외선으로부터의 피부보호를 위해 팬케이크, 트윈케이크를 사용하고 눈과 입술에 포인트를 둔 원포인트 메이크업으로 연출한다. 여름의 이미지컬러는 활동적, 동적인 이미지로 블루와 같은 저 명도 고 채도의 컬러와 블루 오렌지 실버 계의 유사색 대비로 표현한다.

1) 피부

기초화장 후 시원한 감촉의 젤타입의 메이크업베이스로 여름 피부를 산뜻하게 정돈한다. 여름에는 자외선 차단제를 꼼꼼히 발라준 후 파운데이션으로 펴 바르고 땀과 물에 강한 투웨이 케이크를 다시 덧발라 준다. 또한 썬탠 느낌의 다갈색 피부로 표현하고 얇게 표현하되 방수와 자외선 차단효과를 염두에 둔 워터프루프 제품을 사용한다.

2) 눈

상승형의 눈썹으로 생동감을 주고 아이섀도우는 블루나 그린계열의 색으로 프레임기법을 사용한다. 여름메이크업은 원색계열의 색상이 사용되므로 눈 한 부분만 포인트를 주며 뚜렷하게 표현한다. 땀에 번지지 않도록 마스카라와 아이라이너는 워터프루프 제품을 사용한다.

3) 입술

원색계열의 아이섀도우 색상으로 입술까지 진한 색을 바르면 강한 인상이 되므로 메이크업 시 원포인트 메이크업으로 하는 것이 좋다. 따라서 자연스러운 누드핑크색으로 발라주고 립글로즈로 마무리 한다.

4) 치크

여름에는 땀으로 인해 메이크업이 지워질 수 있으므로 볼 화장을 피부화장에서 음영만을 살려준다. 만약 하게 되더라도 너무 강하지 않은 색으로 혈색만 부여해 준다.

1
2
3
4
5
6
7
8
9
10

3. 가을 메이크업

가을의 이미지는 차분하고 지적이고 사색적이며 풍성한 이미지이다. 분위기 있고 라인을 강조한 격조 높은 메이크업이 되도록 한다. 가을의 이미지 컬러는 브라운, 골드, 카키계열이다.

1) 피부

컨실러를 이용해 완벽한 피부로 커버하고 건조해지기 쉬운 계절이므로 유, 수분의 밸런스를 맞춘 파운데이션으로 차분한 피부표현을 한다.

2) 눈

각지거나 상승형의 눈썹을 자제하고 기본형 또는 약간의 아치형 눈썹으로 그려준다. 섀도우는 브라운이나 골드계열의 몇 가지 유사 색을 혼합해 사용하며, 그라데이션 기법을 이용해 표정이 풍부한 눈매를 연출하는 것이 좋다. 아이라인은 같은 계열의 케익아이라이너를 사용해 부드럽고 깊이 있게 표현하며, 리퀴드 아이라이너로 가늘고 길게 그려 정적인 분위기를 연출해도 좋다. 풍성한 느낌이 들도록 브라운이나 블랙의 마스카라를 사용해 볼륨감을 준다.

3) 입술

눈매를 강조할 경우 같은 계열의 부드러운 색으로 곡선을 강조해 그려주고 입술을 강조할 경우에는 같은 계열의 짙은 색으로 곡선을 강조해 그려준다. 오렌지나 산호색의 립스틱을 사용하며, 립글로스로 마무리해준다.

4) 치크

광대뼈 밑을 살려 터치하고 오렌지 계열이나 옅은 브라운 계열의 따뜻한 느낌의 색을 쓴다.

1
2
3
4
5
6
7
8
9
10

4. 겨울 메이크업

겨울 이미지는 추운 날씨와 대조적으로 따뜻한 표현을 염두에 두어 따뜻하고 여성적이며 심플한 이미지로 표현하기도 하지만 최근 스모키 메이크업의 강세로 차가워 보이기는 하지만 세련된 느낌의 스모키 메이크업을 하기도 한다.

피부 표현은 베이스를 밝게 하고 입체감을 강조한다. 겨울이미지 컬러는 와인, 바이올렛, 그레이, 화이트&블랙, 다크 브라운계열이다.

1) 피부

따뜻함이 돋보이게 핑크빛의 파운데이션으로 피부색을 표현하는 것이 중요하며, 투명파우더를 사용하면 더욱 효과적이다. 또한 컨실러를 사용해 완벽한 피부커버를 한 후 밝게 표현해 준다.

2) 눈

겨울에 어울리는 아이섀도우 색상은 와인이나 바이올렛 계열의 색상이지만 최근 스모키 메이크업의 유행으로 그레이 계열의 섀도우 색상을 많이 사용한다. 마무리로 아이라이너나 마스카라를 이용해 눈매를 또렷이 살려준다.

3) 입술

겨울철 입술이 트기 쉬우므로 메이크업 전 먼저 립밤을 발라주는 것이 좋다. 입술은 원포인트 메이크업으로 스모키 메이크업일 경우 연한 핑크색이나 살구색 립글로스로 마무리 해준다.

4) 치크

건강미와 혈색을 부여하기 위하여 따뜻한 계열의 색을 이용해 터치한다.

1
2
3
4
5
6
7
8
9
10

제 9 장

웨딩 메이크업

제9장
웨딩 메이크업

웨딩메이크업은 신부의 이미지와 계절, 피부톤, 예식장에 맞는 드레스와 메이크업을 선택하여야 한다. 드레스를 입은 신부의 모습이 하얀 꽃처럼 화사하고 청순하여야하며, 숭고하면서도 사랑스러워야 한다. 너무 지나친 메이크업보다는 평상시 메이크업처럼 하되 톤을 한 단계 높인다고 생각하면 된다.

웨딩메이크업 또한 최근 들어 메이크업의 트렌드를 반영해 내추럴한 분위기로 자연스런 스타일을 연출하며 결점을 커버해 주는 것이 여전히 강세이기는 하나, 신부에 따라 우아하고 고혹적인 느낌으로 표현할 수도 있고, 화려하고 화사한 느낌으로 연출하기도 하며, 청초하고 순수한 느낌으로 표현하기도 한다.

웨딩메이크업은 베이스 단계가 가장 중요한 부분을 차지하며 주근깨나 잡티, 기미 등의 피부결점을 컨실러를 이용하여 꼼꼼히 커버해 주어야 청순한 신부의 이미지를 연출할 수 있다. 또한 결혼식, 폐백, 사진 촬영 등의 장시간 일정에 화장이 지워지거나 번지는 일이 있어서는 안 되므로 지속력과 보완에 신경을 써야 한다. 특히, 신부의 단점을 보완하고 장점을 극대화시켜 아름다움을 최대한 표현해 주어야 한다.

1. 청순한 이미지의 신부 메이크업

청순한 이미지의 신부 메이크업은 일단 자연스런 느낌이 강조되어 있기 때문에 시각적으로도 부드러운 느낌으로 이루어진다. 명도가 높은 청색과 명도가 높고 채도가 낮은 색의 조합에 의해 내추럴한 느낌이 증가한다. 또한 흰색과의 배합은 청순한 느낌을 더 강하게 해준다.

1) 피부

메이크업 베이스는 흰색을 바르고 컨실러 제품으로 결점을 커버한 후 라이트 베이지 리퀴드 파운데이션으로 잘 두드려 발라준다. 파우더는 핑크색을 사용하여 충분히 두드려 주고 여분의 파우더는 브러시로 가볍게 털어낸다.

2) 눈

눈썹은 그레이와 브라운을 사용하여 자연스럽게 아치형으로 그려주며 핑크 계열이나 산호색, 엷은 오렌지색을 기본으로 하여 체리핑크나 보라색 등으로 포인트를 준다. 속눈썹은 심거나 자연스런 길이로 컷팅 해 붙여주고 마스카라는 보라색 계열이나 검정색으로 볼륨감 있게 잘 빗어 깊이를 준다.

3) 입술

입술산은 둥글게 그려주고 핑크계열을 사용해 칠해준 후 립글로스를 사용해 덧발라 준다.

4) 치크

볼터치는 핑크계열이나 산호색을 이용해 볼 뼈 위에 둥근 느낌으로 발라준다.

2. 밝고 화사한 이미지의 신부 메이크업

밝은 청색을 사용해 맑고 투명한 분위기를 표현하는 것이 기본이다. 채도가 높은 원색 계열은 차갑게 느껴지므로 피하는 것이 좋다. 엷은 페일 톤이나 라이트 톤에 의한 배색이 주로 사용된다.

1) 피부

그린색의 메이크업베이스로 피부 톤을 정리한 후 피부색에 따라 핑크나 밝은 베이지 파운데이션으로 꼼꼼하게 발라준다. 파우더는 엷은 오렌지계열로 화사하게 표현한다.

2) 눈

아이섀도우는 오렌지계열을 기본으로 해서 그린, 밝은 핑크 계열로 포인트를 준다. 속눈썹을 붙여주고 마스카라는 브라운이나 검정을 사용해 볼륨감과 깊이를 준다.

3) 입술

립스틱은 붉은 색, 자주색, 레드, 오렌지, 벽돌색을 잘 혼합하여 사용하며, 마무리로 밝고 글로시한 투명 립글로스로 마무리 한다.

4) 치크

볼터치는 산호색이나 오렌지 브라운 색으로 볼 뼈를 중심으로 발라준다.

3. 지적인 이미지의 신부 메이크업

지적인 느낌은 사람들로 하여금 신뢰감을 주고 고급스럽다는 느낌을 준다. 신부의 이미지에서 지적인 느낌을 받는다는 것은 우아하면서도 세련된 듯한 느낌으로 많은 신부들이 이런 느낌을 원한다.

1) 피부

피부가 글로시해보이지 않도록 펄이 없는 베이스로 촉촉하며 투명하게 보이도록 표현해 준다. 보습제를 이마, 코, 양 볼에 진주알 크기만큼 바른 후 손으로 가볍게 펴 발라 준다. 보습제가 적당히 스며들어가면 흰색의 메이크업 베이스를 라텍스를 이용하여 피부에 균일하게 도포해 준다.

2) 눈

눈썹은 약간 둥근형에 가까운 아치형의 눈썹을 그려주는 것이 좋으며, 아이보리나 흰색의 베이스 색상을 눈두덩이 전체에 도포해 준다. 핑크 색이나 연한 퍼플이 들어간 색상을 이용하여 눈두덩이에 도포하고 쌍꺼풀 라인에 진 핑크나 연보라색을 이용하여 눈을 떴을 때 느낌만 나도록 위로 그라데이션 해준다.

3) 입술

본인 입술형태를 그대로 살려주는 것이 좋으며, 색상은 연 살구색이나 연한 핑크색상을 선택한다. 연한 색상일수록 립스틱의 색상이 파운데이션과 섞여서 탁한 색을 띄므로 파운데이션을 지워주는 것이 좋다.

4) 치크

연 베이지를 이용하여 얼굴에 가볍게 쉐딩해 준 후 살구색이나 핑크색을 볼뼈에 발라준다.

4. 우아한 이미지의 신부 메이크업

사람의 품위를 표현하는 말로써 엘레강스는 기품 있는, 우아한, 고상한, 근사한, 세련된, 드레시한이라는 이미지를 가지고 있다. 엘레강스와 우아함은 본래 동의어이지만 전자는 서양풍, 후자는 동양풍이라고 하는 이미지가 있다. 채도가 높고 강렬한 색은 적합하지 않으며, 보라 계열의 색이 예전부터 엘레강스함을 표현하기 위해 사용되었다.

1) 피부

메이크업베이스는 그린 색을 이용해 피부색을 정리해 주고 컨실러를 사용하여 잡티를 완벽하게 커버한 후 밝은 베이지색 파운데이션을 꼼꼼히 펴 발라준다. 파우더는 엷은 오렌지와 투명 파우더를 섞어 꼼꼼히 눌러주고 브러시로 가볍게 털어준다.

2) 눈

베이지브라운이나 오렌지브라운, 핑크브라운, 핑크바이올렛 등을 잘 섞어서 사용한다. 뭉치거나 선으로 나타나지 않게 주의해서 그라데이션 시킨다. 속눈썹을 붙여주고 브라운 색의 마스카라를 이용하여 올려준다.

3) 입술

레드오렌지나 오렌지 브라운 계열로 아이섀도우와 잘 조화되도록 칠해준다.

4) 치크

오렌지브라운계열로 볼 뼈를 둥글게 감싸듯이 표현한다.

5. 큐트 스타일 신부 메이크업

주로 어린아이들에게 사용되는 말이 <귀엽다>이지만 프리티는 연령적으로는 청소년이상을 염두에 두고 사용된다. 따라서 일반적으로 귀여운 색으로 보이는 밝은 청색과 순색이나 채도가 높은 색을 세트로하여 사용한다.

1) 피부

피부가 매트해 보이지 않고 촉촉하며 투명하게 보이도록 표현해 준다. 보습제를 이마, 코, 양 볼에 진주알 크기만큼 바른 후 손으로 가볍게 펴 발라 준다. 보습제가 적당히 스며들어가면 흰색의 메이크업 베이스를 라텍스를 이용하여 피부에 균일하게 도포해 준다.

2) 눈

눈썹은 인위적인 느낌보다는 최대한 본인 눈썹을 살려 그려주는 것이 좋으며, 큐트한 이미지를 살려주기 위해 각진 눈썹이나 너무 샤프한 눈썹은 피하는 것이 좋다. 오렌지나 핑크펄이 들어간 색상을 이용하여 눈두덩이에 도포하고 쌍꺼풀 라인에 진핑크나 오렌지 브라운색을 이용하여 눈을 떴을 때 느낌만 나도록 위로 그라데이션 해준다.

3) 입술

너무 각이진 입술 산을 만들지 않는 것이 좋으며, 색상은 연 살구색이나 연한 핑크색상을 선택한다. 연한 색상일수록 립스틱의 색상이 파운데이션과 섞여서 탁한 색을 띄므로 파운데이션을 지워주는 것이 좋다.

4) 치크

연 베이지를 이용하여 얼굴에 가볍게 쉐딩해 준 후 살구색이나 핑크색을 볼 뼈에 발라준다.

6. 신랑메이크업

자연스럽게 표현하고 너무 인위적인 느낌이 들지 않도록 베이스 톤의 선택에 신경을 쓰며, 특히 신랑 얼굴이 검다고 해서 너무 하얗게 베이스를 깔지 않도록 주의한다. 또한 목 부분과의 경계가 생기지 않도록 그라데이션 해준다.

1) 피부

메이크업 수일 전부터 마사지와 팩을 이용하여 피부를 정리한다. 메이크업 전에 수렴화장수와 유연화장수, 영양화장수를 이용하여 기초화장을 한다.

기초화장 후 베이지계열의 메이크업베이스를 얼굴에 펴 바르고 많이 두드려 고르게 흡수되도록 한다. 컨실러를 사용하여 얼굴의 잡티를 가려준다. 본래의 피부와 같은 색상의 리퀴드 파운데이션을 얼굴에 고르게 펴 바르고 돌출된 부분은 약간의 쉐이딩 처리를 하며, 투명 파우더를 고르게 두드려 준다.

2) 눈

눈썹은 에보니 펜슬을 이용하여 결 방향으로 그려주고 섀도우는 붉은기 없는 중간브라운을 사용하여 전체적으로 펴 발라준다. 아이라이너는 펜슬로 약하게 그린 후 면봉으로 펼쳐준다.

3) 입술

다크브라운 계열을 사용해 립 라인을 중심으로 가볍게 발라준 후 티슈로 닦아내며 자연스럽게 표현한다.

4) 치크

붉은 기가 적은 브라운 계열 치크를 사용한다. 둥글게 처리하지 않도록 하고 사선으로 터치하여 자연스런 입체감을 주고 남성다움을 표현한다.

Angel
BASHFUL
SMILING

7. 메이크업 시술(Before & After)

제10장

테마 메이크업

제10장
테마 메이크업

1. 내추럴 메이크업

가벼운 외출 및 메이크업을 처음 하는 사회초년생에게 적합하도록 자연스럽게 표현한다.

1) 피부

모델의 피부와 같은 톤의 리퀴드 파운데이션을 사용하여 자연스럽게 펴 바르고 피부 톤을 일정하게 유지시킨다. 내추럴 메이크업의 특징은 자연스러움에 있으므로 얼굴 윤곽 수정을 강하게 하지 않으며 경계가지지 않도록 그라데이션을 잘 시킨다. 파우더는 파운데이션 색깔이 그대로 유지되는 투명파우더가 무난하다.

2) 눈

눈썹은 기본형에서 벗어난 잔털만을 제거하고 모델의 눈썹형을 살려 자연스럽게 표현한다. 또한 기본형에 가깝게 그려주며, 너무 진하게 표현되지 않도록 주의한다. 섀도우는 엷은 핑크 색이나 브라운 색으로 프레임 기법을 이용하여 자연스럽게 표현한다.

아이라인은 너무 두껍게 표현하지 않고 아이브로우 펜슬로 자연스럽게 그려주며 마스카라로 마무리한다. 내추럴 메이크업에서는 가급적 속눈썹은 생략하고 만약 속눈썹을 붙일 시에는 반을 잘라서 붙인다.

3) 입술

모델의 입술 선을 따라 부드러운 곡선으로 그려준다. 선명한 원색을 사용하지 말고 파스텔 계열의 색조를 선택한다. 베이지 브라운이나 산호계열의 엷은 핑크색을 선택하는 것이 좋지만 립 라인과 립 글로스만 사용해도 건강하고 자연스러운 표현을 할 수 있다.

4) 치크

자연스러운 파스텔 계열의 산호색을 볼 뼈를 중심으로 둥글게 혈색만 부여하는 정도로 그라데이션 한다.

2. 컬러사진 메이크업

메이크업 시 병행되어질 조명, 카메라 각도, 전체이미지를 미리 검토한 후 작업을 실시한다. 피부의 작은 결점도 노출되므로 꼼꼼하게 피부 결점을 커버하고 볼 터치, 립스틱, 의상이나 액세서리의 색상을 고려하여 자연스럽게 처리한다.

1) 피부

오랜 시간 뜨거운 조명 아래서 촬영해야 하므로 커버력과 지속력이 우수한 소프트 파운데이션이나 팬 케익 제품을 사용한다. 사진을 찍을 때 많은 스포트라이트 때문에 평소보다 땀이 많이 분비되므로 땀이나 유분기로 인하여 반사되는 것을 방지하기 위해 파우더 처리를 꼼꼼하게 하며, 잡티커버를 확실하게 해준다.

2) 눈

눈 화장은 모델의 의상 색을 감안하여 아이섀도우의 색상을 선택한다. 의상 색과 유사계열을 사용하는 것이 일반적이나 보색계열을 사용해도 강한 대비효과를 얻을 수 있다. 밝은 계열의 파스텔 톤으로 아이 홀을 향해 그라데이션을 시키며 선명한 눈매를 위하여 다크 브라운이나 다크 그레이로 강한 포인트를 넣어준다. 펄 제품은 조명에 반사되므로 사용을 자제한다.

3) 입술

모델의 의상과 피부색에 맞춰 발라주며 아이섀도우의 색상과도 조화를 이룰 수 있도록 한다.

4) 치크

너무 인위적인 느낌이 들지 않도록 자연스럽게 살구색이나 핑크색 톤으로 엷게 그라데이션 시킨다.

3. 흑백사진 메이크업

흑백 사진을 위한 메이크업은 흑백의 대비표현이 매우 중요하다. 전체적인 색의 톤은 무채색으로 블랙, 그레이, 카키, 브라운, 화이트 계열의 색상을 선택하도록 하며 가급적 펄이 들어간 제품은 피하는 것이 좋다.

1) 피부

희고 깨끗하게 표현되도록 파운데이션은 원래의 피부색보다 1~2단계의 밝은 색을 선택하고 하이라이트 역시 1~2단계 밝은 색을 선택한다. 얼굴의 윤곽 수정이 필요한 경우 섀이딩을 사용하지만 너무 짙은 색의 섀이딩은 사진에 검게 표현되므로 피하는 것이 좋다. 파우더 처리를 꼼꼼하게 하여 유분기를 제거하고 메이크업의 지속력을 높인다.

2) 눈

아이섀도우는 핑크와 퍼플 계열을 피하고 밝은 톤의 눈 화장에 옐로우, 오렌지, 그린계열이 적합하다. 진한 눈 화장을 원할 때에는 브라운이나 블랙을 잘 펴 바른다. 먼저 파스텔 톤의 브라운을 이용하여 노우즈 섀도우와 함께 눈두덩이 전체에 펴 바르며 내추럴 그레이로 아이홀 부분을 쓸어주고 다크 그레이나 블랙으로 포인트를 넣어준다. 펄이 들어 있는 섀도우를 사용할 경우 조명에 반사되므로 사용하지 않는 것이 좋다.

3) 입술

립스틱은 밝은 핑크나 산호색을 피하고 레드계열이나 와인계열, 브라운 계열을 사용하며, 짙은 계열의 립스틱을 바른다.

4) 치크

얼굴의 윤곽에 따라 명암을 섬세하게 처리한다.

4. 면접 메이크업

면접에서 첫인상이 결정되기까지는 아주 짧은 시간이 걸린다. 사람을 처음 대면하는 순간에 그 사람을 시각적으로 판단하는 확률이 60% 이상이라고 할 정도로 우리 생활에 있어 첫인상은 아주 중요하다. 외모, 표정 등이 첫인상의 대부분을 좌우하는 만큼 짧은 시간에 좋은 인상을 남기기 위해서는 깔끔한 복장과 자연스러운 메이크업, 밝은 표정이 중요한다.

면접 메이크업의 가장 중요한 핵심은 튀지 말아야 한다는 것과 정돈된 느낌, 깔끔함을 잃지 않는 것이라 하겠다. 코럴, 베이지, 브라운 계열의 섀도우와 베이지나 핑크, 브라운 계열의 립스틱을 이용해서 차분한 이미지를 연출하거나, 섀도우 컬러를 약하게 하고 립스틱만 깔끔하게 처리하는 원 포인트 메이크업 등이 효과적이다.

1) 피부

밝은 베이지 계열의 리퀴드 파운데이션을 얼굴 전체에 가볍게 펴 바른 다음, 투명 파우더로 얼굴을 깔끔하게 정리한다.

2) 눈

눈썹이 너무 진하면 자칫 인상이 강해 보일 수 있으므로 최대한 자연스러움을 잃지 않도록 브라운 섀도우를 이용해 기본형으로 깔끔하게 그려 준다. 먼저 화이트 섀도우를 눈 전체에 펴 바르고, 눈 아래쪽에도 적당량을 펴 바른 후 베이지 계열의 섀도우를 아이홀에 가볍게 발라 준다. 쌍꺼풀 부분에는 브라운 섀도우를 이용해 눈매가 또렷해 보이도록 약간의 포인트 컬러로 음영을 주고, 언더 부분에는 눈이 맑고 시원해 보이도록 살구색과 베이지 섀도우를 발라 마무리 한다.

리퀴드 아이라이너를 이용해 눈매를 또렷하게 정리하고 마스카라를 꼼꼼히 발라 풍성한 눈매를 표현한다.

3) 입

브라운과 베이지 립스틱을 섞어서 입술에 칠해 준 후 립글로스를 이용해 촉촉함을 잃지 않도록 표현하거나 핑크와 브라운으로 생기 있게 표현해도 좋다.

4) 치크

살구색과 핑크 블러셔로 얼굴에 혈색을 주어 건강함을 표현한다.

5. 졸업 메이크업

졸업시즌이 다가오면 여대생들은 메이크업에 적잖은 부담을 갖고 있다. 혼자 하자니 그렇고 샵에 가자니 만만치 않은 비용 때문에 부담을 느끼는 게 사실이다. 그래서 졸업 사진을 찍게 되면 평소 가지 않던 메이크업샵을 찾게 되는데 졸업 메이크업은 자연스러운 메이크업으로 자신의 장점을 부각시키고 단점을 보완하여 자신의 이미지를 업그레이드시켜 인생에 한 번 뿐인 졸업에 좋은 추억을 가져오게 하는 메이크업이다.

1) 피부

졸업메이크업은 검정색 까운을 착용하므로 화려하지 않은 메이크업으로 피부 표현도 자연스럽게 연출한다. 베이스는 너무 두껍지 않은 자연스러운 리퀴드 파운데이션으로 피부에 밀착하여 꼼꼼하게 발라주고 파우더는 얇게 하되 수시로 점검하여 꼼꼼하게 눌러준다.

특히 기초 제품에 신경을 많이 써야하며 수분크림으로 수분을 많이 공급해주고 프라이머로 유분기를 확실하게 없애준다. 또한 수시로 미스트를 뿌려 피부에 수분을 공급함과 동시에 메이크업을 자주 수정해 준다.

2) 눈

아이브로우는 선명하게 너무 부담스럽지 않은 눈썹으로 그려주며 자신의 얼굴형과 비례해서 그려준다. 특히 너무 진한 색의 눈썹은 피하고 머리색이나 눈동자 색에 준하여 눈썹을 그려준다.

섀도우 색은 계절에 따라 모델의 느낌을 살려 해주는 것이 좋으며 자신의 눈을 생각해서 장점을 부각시키고 단점을 보완해 준다. 또한 많은 사람을 상대하는 특성상 누구에게나 적용되는 무난한 프레임 기법을 사용한다.

3) 입술

자신의 입술을 살려 최대한 자연스럽게 그려주되 작은 사람은 아웃커브로 풍만하게 그려주고, 입술이 큰 사람은 자신의 입보다 조금 작게 인 커브로 그려준다. 하지만 요즘은 윤곽을 뚜렷하게 그리기보다 자연스럽게 립글로즈를 발라주는 것도 좋다.

4) 치크

볼터치는 광대뼈 밑으로 혈색 있게 마무리해 주며 얼굴의 윤곽을 살리면서 혈색을 부여하도록 화사하게 해준다.

6. 한복 메이크업

과거 명절에만 입던 한복이 최근에는 모임이나 행사가 있을 경우 많이 입혀지고 있다. 일상적인 경우의 한복차림과 예복 차림에 따라 메이크업 테크닉을 달리해야겠지만 일반적으로 한복 메이크업은 착용자가 화사하고 우아하게 보일 수 있도록 이미지를 섬세하게 표현해야 한다.

1) 피부

모델의 피부톤 보다 한 단계 밝은 색으로 화사하게 표현하며, 케익형의 무거운 피부표현보다는 리퀴드나 크림타입의 파운데이션으로 맑고 투명하게 처리한다. 윤곽수정은 강하게 하지 말고 전통적인 미가 잘 살아나도록 이마와 눈 밑에 약간의 하이라이트 처리만 하도록 한다. 기본 파운데이션 처리 후에는 투명함이 잘 살도록 투명 파우더로 피부표현을 하도록 한다.

2) 눈

눈썹의 모양은 가급적 두껍지 않게 둥근 형으로 그려주되 한국적 선의 미가 잘 표현되도록 가늘게 그려준다. 섀도우는 한복 색상에 맞춰 너무 진하고 화려하지 않도록 은은하게 표현한다. 한복의 색상이 붉은 계열의 경우에는 핑크 색 계통에 군청색으로 포인트를 주고 연두계열의 경우에는 연노랑으로 은은하게 도포 한 후 카키나 녹색으로 포인트를 주는 것이 무난하다.

아이라인은 너무 두껍지 않게 가늘게 표현하고 길게 빼주도록 하며 눈썹 끝에만 속눈썹을 붙여 인공적인 메이크업이 되지 않도록 한다. 언더라인은 그리지 않는 것이 자연스럽고, 언더 부분에 메인 컬러를 사용하여 부드럽게 표현한다.

3) 입술

섀도우의 색상이 한복 색에 맞춰 은은하게 표현해준 반면 입술에는 포인트를 주어야 한다. 따라서 저고리 색상에 맞추어 립 컬러를 선택하는데 저고리 색상과 같거나 좀 더 진한 붉은 계열을 선택하여 입술 산이 강조되지 않도록 곡선으로 처리한다. 부드러운 곡선의 인커브로 그려 준다.

4) 치크

자연스러운 파스텔 계열의 핑크 색이나 산호색을 볼 뼈를 중심으로 둥글게 혈색만 부여하는 정도로 블랜딩 시킨다.

7. 파티 메이크업

파티메이크업은 파티라는 단어에서 오는 느낌처럼 화사하고 우아하면서도 품위 있게 표현한다. 실내의 강한 조명아래에서 보여지므로 펄 감이나 글로시한 느낌으로 포인트를 주면 더욱 시선을 끌 수 있다.

1) 피부

파티는 주로 밤에 열리기 때문에 밝은 조명으로 인해 얼룩지지 않도록 파우더 처리를 꼼꼼히 해줘야 한다. 일단 베이스는 투명하고 화사하게 표현하기 위해 파운데이션을 핑크 톤으로 칠해주고 파우더는 펄감이 있는 파우더를 직접 쓰거나 보라색 파우더로 두드려 준 후 T존 부위나 눈 밑에 펄을 칠해준다.

2) 눈

아이브로우는 선명하게 아치형으로 그려주고 아이섀도우 색상은 주로 골드나 퍼플, 오렌지, 와인 색을 사용하며 고명도, 저채도 컬러를 쓰고 다 색조를 이용한 화려한 메이크업도 무난하다. 아이라인도 다소 두껍게 그려주고 속눈썹을 붙인 후 마스카라로 풍성하게 올려준다.

3) 입술

아웃커브로 풍만하게 그리되 라이너를 사용해서 입술윤곽을 살려 주고 고채도, 고명도의 컬러를 사용하여 포인트를 준다. 그 위에 펄이나 립글로스를 써서 하이라이트를 주면 입체감 있는 입술로 표현된다.

4) 치크

볼터치는 광대뼈 밑으로 혈색 있게 마무리해 주며 얼굴의 윤곽을 살리면서 혈색을 부여하도록 화사하게 해준다.

8. 광고 메이크업

제품, 기업홍보, 공공기관의 캠페인 등 특수 목적을 갖고 일반인에게 알리고자 제작한 전문 영상작업을 광고라 하면 광고 메이크업은 그 광고의 효과를 극대화시키기 위해서 기획의도를 충분히 파악하여 이미지 또는 제품의 특성에 따라 메이크업을 구상해야 하며 제작(연출)자의 요구 조건을 충분히 수용, 의견을 수렴하여 메이크업 작업자가 더 나은 아이템을 창출해 낼 수 있는 양질의 능력을 발휘해야 한다.

TV, 영상광고 메이크업

TV영상에 비쳐지는 색상은 무척 다양하며 무대의 배경과 카메라, 조명, 광고이미지에 따라 많은 영향을 받는다. 예를 들면 TV, 영상 메이크업 시 핑크색을 칠한 건강한 여성의 뺨 분장이 TV화면에 재현될 때 자칫 레드로 나타날 수 있다. 아이섀도우의 여러 색은 재현색이 어떻게 나타나는 가를 계산하여야 한다. 이것은 조명의 영향과 기계 설치에 따른 색조의 영향 등에 따라 다르게 나타나기 때문이다. 하이라이트는 베이스보다 명도가 3~4도 밝고 섀도우는 3~6도 정도 어둡다. 그 차이가 크면 클수록 그라데이션을 잘해야 하며 번쩍거리는 것이 없도록 투명분을 많이 쓰도록 한다. TV는 공연 무대보다 클로즈업이 많으므로 입체 분장기술이 더욱 널리 쓰이며 세세한 부분까지 신경을 써야 한다. 그 예로 본래의 색보다 밝게 보이며 얼굴이 평펴짐하게 나타난다. 갈색의 립스틱이 붉은 색으로 보여지며, 순색의 흰색은 지나치게 돌출되어 보이므로 사용에 주의하여야 한다.

9. 아나운서 메이크업(Announcer make up)

대중에게 뉴스를 전달하는 아나운서의 메이크업은 유행에 뒤떨어져서도 안 되는 디테일한 작업이다. 특히, 바스트 샷(Bast shot) 촬영이 되기 때문에 방송 출연을 위한 메이크업으로 자연스러우면서도 단정함이 느껴지는 이미지로 표현하는 것이 중요하다.

1) 피부

TV의 화면에서는 얼굴이 항상 클로즈업되므로 피부를 섬세하고 깨끗하게 표현해야 하고, 얼굴에 유분기가 보이면 깨끗해 보이지 않으므로 유분기를 깨끗하게 없애 준다. 유분이 적게 함유된 메이크업베이스를 선택하여 잘 펴 준 다음, 파운데이션은 본래의 피부톤이나 한 톤 밝게 화사한 느낌이 나도록 한다. 파우더는 투명한 파우더를 사용하여 매트하고 차분하게 표현한다.

2) 눈

눈썹은 브라운 섀도우로 너무 진하지 않게 약간 두껍게 그려 주어 나이 들어 보이지 않게 연출한다. 눈 화장은 눈매를 맑고 또렷하게 표현하기 위해 색상 선택은 내추럴한 톤으로 핑크, 핑크 브라운, 오렌지 계열로 선택한다.

아이보리 섀도우를 먼저 눈 위 전체에 펴 주고 소프트 핑크나 오렌지 색을 이용하여 아이라인 쪽에서 위쪽으로 그라데이션해 준다. 다크 브라운 계열로 쌍꺼풀 라인에 한 번 더 덧발라 준다.

아이라인은 펜슬을 이용하여 먼저 그린 다음, 리퀴드 아이라이너를 이용하여 눈매를 좀 더 또렷하게 잡아 준 후 라이너 위에 브라운 섀도우를 덧발라 아이라인을 자연스럽게 표현한다. 마스카라로 정돈하고, 속눈썹을 붙일 경우에는 원래의 속눈썹과 자연스럽게 매치될 수 있는 것을 선택하여 인위적이지 않게 붙인다.

3) 입술

립의 색상은 섀도우 톤과 같은 색을 선택하되 화사함을 잃지 않도록 주의하며 입술에 빈틈없이 꼼꼼하게 칠하여 차분하고 단정된 느낌으로 마무리 한다.

4) 치크

브러시 자국이 남지 않도록 큰 브러시를 이용하여 얼굴 전체의 혈색을 조절해 준다. 색상은 피치 또는 핑크색을 이용하여 볼 뼈 부분에 진하지 않게 부드럽게 넣어 준다.

10. 돌리 메이크업(Dolly make up)

인형메이크업은 평상시의 뷰티메이크업과는 달리 무대나 혹은 각종 행사에서 행해지는 쇼메이크업의 일종이다. 움직임이나 표정이 자제된 인형의 모습으로 연출해야 하며 인형의 초점 없는 눈을 표현하는 것이 가장 큰 특징이라 할 수 있다.

1) 피부

플라스틱의 질감을 위해 피부색을 모노톤으로 희게 처리하여 차가운 느낌으로 연출한다.

2) 눈

눈썹은 인형의 컨셉에 따라 다르나 기본적인 인형의 눈썹을 위해 검은색 아쿠아컬러로 가늘게 초생달 모양으로 그린다. 눈의 표현은 눈을 감은 상태에서 아이홀과 눈썹 뼈를 경계로 흰색 눈동자를 만들고 아쿠아컬러를 사용하여 눈동자 부분만 빼고 칠해준다. 눈동자는 표현목적에 따라 퍼플, 그레이, 블루, 브라운 등으로 칠해주고 무대용 큰 눈썹을 아이홀에 붙여준다.

3) 입술

붉은색 립 펜슬을 이용하여 윤곽을 뚜렷하게 그린 후 핑크나 붉은색으로 입술을 칠한다. 입술에 하이라이트는 넣지 않고 일정하게 색을 칠한다.

4) 치크

볼터치는 핑크색으로 볼 뼈를 중심으로 둥글게 처리한다. 검은색이나 짙은 브라운색 아쿠아컬러를 이용해 볼 부분에 몇 개의 점을 찍어 주근깨를 표현해도 재미있다.

11. 햅번 메이크업

1950년대 스크린을 주름잡던 오드리 햅번은 많은 여성들에게 영향을 주었으며, 현대에도 많은 여성들이 햅번 스타일을 찾게 하고 있다. 그만큼 '햅번 룩'은 많은 여성들의 아이콘으로 자리 잡고 있다.

1) 피부

오드리 햅번의 가장 두드러진 특징은 눈처럼 깨끗한 피부로 햅번의 메이크업을 따라잡기 위해서는 잡티를 완벽하게 커버할 수 있는 컨실러와 피부톤에 맞는 파우더가 필수이다.

먼저 피부에 맞는 리퀴드 파운데이션으로 얼굴 전체에 고루 펴 바른 다음 컨실러로 얼굴에 있는 잡티 하나하나를 꼼꼼하게 가려준다. 그런 다음 투명파우더로 마무리 해준다.

2) 눈

인형처럼 윤곽이 뚜렷한 이목구비를 가진 햅번을 더욱 돋보이게 하는 것이 있다면 자연스럽고 짙은 눈썹 표현과 깊고 풍성한 속눈썹이다.

짙은 눈썹이 오드리 햅번 스타일의 포인트이므로, 눈썹 전용 펜슬로 빈 곳을 매워주는 느낌으로 그려주되 평소보다 조금 짙게 그린다. 아이라인은 아이라인을 바깥쪽으로 연장하고 눈 꼬리 부분을 위로 올라가도록 그려준다. 마스카라만으로는 턱없이 부족할 것 같은 속눈썹은 마스카라 베이스 또는 인조 속눈썹을 이용해서 붙여주는데 평소보다 2배 깊은 눈매를 연출 할 수 있다. 이때 속눈썹 아래에도 마스카라를 꼼꼼히 발라준다.

3) 입술

잡티 없이 하얀 피부를 더욱 사랑스럽게 만드는 것은 바로 장미빛 붉은 입술이다. 립 틴트를 발라 입술에 생기를 준 다음 레드나 오렌지 계열의 립스틱을 덧바르면 도톰한 입술을 만들 수 있다. 입술 표현은 너무 진하거나 촉촉하지 않게 해야 한다.

4) 치크

블러셔는 짙은 컬러는 피하고 옅은 핑크빛으로 웃다가 얼굴이 상기된 정도로만 발라준다.

12. 쇼 메이크업

패션쇼는 디자이너, 브랜드에서 새로 만든 의상 작품을 모델에게 입혀 무대에서 고객, 바이어, 저널리스트 등에게 선보이는 이벤트의 한 장르다. 여기에서 메이크업은 의상의 효과를 높이기 위한 보조적인 수단으로 이용된다.

패션쇼 메이크업은 일정한 패턴이 정해져 있는 것이 아니라 쇼의 주제와 모델의 외모적 특징, 의상과의 조화를 고려하여 표현한다.

1) 피부

쇼의 컨셉에 따라 피부 표현을 내추럴하게 할 것인지 아니면 강하게 할 것인지 결정한다. 그러나 쇼의 특성상 조명이나 무대라는 점을 감안하여 도랑형이나 케익형으로 파운데이션을 바르고 지속시간을 고려하여 파우더를 꼼꼼히 바른다.

2) 눈

쇼의 컨셉에 따라 아이섀도우는 홀을 강조하여 화려함을 주기도 하고, 컨셉에 따라 얼굴에 그림을 그리기도 하는데 쇼 메이크업은 특성상 메이크업이 메인이 되는 것이 아니라 의상이나 기타 쇼의 제품을 보조해주는 보조적인 역할이 되므로 컨셉에 따라 디자이너와 상의해서 결정한다.

3) 입술

의상의 컨셉을 고려하여 입술 선은 여성스러움과 부드러움이 표현되게 그려주고 깔끔하게 표현한다. 색상은 쇼에 맞는 색조를 발라준다.

4) 치크

붉은 갈색으로 광대뼈와 페이스라인을 연결하여 강하게 펴 바르고 T존과 눈밑, 턱에 하이라이트를 준다.

제 11 장

분 장

제 11 장
분 장

1. 무대 분장

무대 분장(Make up)은 연극, 뮤지컬, 오페라, 악극, 마당놀이, 연설회, 발표회 및 각종 이벤트 분장 등과 같이 특정 무대 혹은 장소에서 행해지는 행위를 관객이 직접(direct) 눈으로 볼 수 있는 Make up을 말한다. 무대 분장은 배우와 관객(또는 무대와 객석) 사이에 거리상의 공간이 있으므로, 관객들이 어느 정도 거리를 두고도 배우의 특징을 인식할 수 있도록 뚜렷하고 선명하게 분장을 표현해야 하고, 또한 극장의 크기에 따라(거리에 따라) 선이나 면 처리의 정도를 가감해야 한다.

분장은 배우의 의사 전달 수단으로써 배우의 모습을 배역에 맞게 변화시켜 관객들로 하여금 필요한 성격적 사실들을 이해시키는 것을 돕는다. 즉 인물의 창조나 재창조를 위한 변장이나 화장술, 두발 등을 총괄한다고 볼 수 있다. 그러므로 분장은 배우, 배역, 작품, 공연장소, 조명 등과의 여러 요소들과 잘 조화를 이루어 멋진 무대예술을 창조하는데 중추적인 역할을 하고 있다.

오늘날 분장은 무대예술의 다양화와 더불어 매우 세분화, 전문화되고 있으며, 영상매체(영화, TV 등)의 발전으로 인하여 급속한 발전이 이루어지고 있다.

1) 연극 분장

(1) 기본 베이스의 선택(Foundation)

무대 분장의 기본 베이스는 다른 영상매체보다 조금 두텁게 바르며 색 또한 붉은 계열을 쓰는 것이 좋다. 모든 배역의 분장에 있어서 가장 중요한 점은 배역 인물의 기본 베이스의 선택이다. 얼굴의 기본 색이 밝고 어두움에 따라 연기자의 직업, 성격, 건강, 인종 등이 다르게 표현되므로 가장 중요하다고 볼 수 있다.

(2) 얼굴의 굴곡 교정(Highlight와 Shadow)

배우의 다양한 얼굴형에 따라 섀도우와 하이라이트를 이용하여 평면적인 얼굴을 개성 있게 할 수 있으며 굴곡이 강한 얼굴은 평면적으로 표현 할 수도 있고 큰 얼굴을 작게 보이게 하거나 콧등 및 턱밑에 하이라이트 처리를 함으로써 입체적으로 만들 수도 있다.

(3) 얼굴의 색조

여자는 붉은 색의 볼연지, 남자는 혈색 표현으로 배우의 성격이나 얼굴의 형태에 따라 균형 있게 수정, 보완할 수 있다.

(4) 코 벽선과 코 벽의 섀도우

얼굴의 가장 중심 역할을 하는 코 부분은 분장 인들이 배우의 얼굴을 자유로이 변형시키는데 가장 잘 이용될 수 있는 부분으로 성격묘사를 하는데 큰 몫을 한다. 코를 높거나 낮게, 길이가 짧거나 길게도 할 수 있다.

(5) 아이섀도우(Eye shadow)

아이섀도우는 눈을 우아하거나 고상하게 표현할 수 있고 화려함과 환상적인 분위기, 초라하거나 추해 보이게 하는 등 다양한 분위기의 성격을 연출할 수 있다.

(6) 중간 분바르기

배우의 얼굴에 유분기가 있으면 선과 색이 살아나지 않기 때문에 유분기를 제거한 후에 다시 작업을 시도할 수 있도록 한다.

(7) 눈썹 그리기

눈썹도 배우의 성격 표현을 하기 위해 많이 사용되는 부분이다. 얼굴의 형태와 성격에 따라 눈썹의 모양이 결정되어져야 하며 눈썹의 크기, 길이, 색, 양미간 등에 의해 바보스러움이나 고집스럽고 신경질 적인 면, 교활하거나 사나움 등으로 다양하게 표현할 수 있다.

(8) 아이라인(Eye line)

눈은 배우가 연기를 하는데 있어서 감정 표현을 하는 매우 중요한 부분이다. 아이라인의 주목적은 작은 눈을 크고 길며 선명하게 보이도록 하는 것으로 눈머리와 꼬리를 올리고 내림으로 날카로움과 바보스러움, 흉함, 선함 등의 다양한 성격 표현을 할 수 있으며 쌍꺼풀이 있는 큰 눈은 위 아이라인을 두껍게 하지 않고 얇게 하는 것이 좋다.

(9) 홀 라인 및 쌍꺼풀 라인

우리나라 사람의 눈매는 쌍꺼풀이 없거나 눈의 홀 라인이 뚜렷하지 않고, 눈두덩이 약간 튀어나온 편이기 때문에 눈이 작아 보이고 답답해 보인다. 그래서 눈두덩을 홀 라인으로 굴곡을 주거나 쌍꺼풀이 없는 눈에 아이라인 위쪽으로 인위적으로 라인을 만들어 주면 서구적인 눈으로 수정할 수 있다.

(10) 속눈썹 붙이기 또는 그리기

속눈썹은 눈을 보조해 주는 역할을 한다. 속눈썹의 크기와 양에 따라 눈의 형태가 달라지므로 연기자의 배역에 맞는 속눈썹을 선택하여야 한다.

(11) 입술 라인(Lip line)

입술 크기와 색상, 모양에 따라 건강함, 청결함, 화려함, 섹시함, 정적인 면 등을 표현 할 수가 있으며 모델의 성격, 의상, 아이섀도우나 볼 터치 등을 고려해 컬러 선택을 한다.

(12) 분 바르기 및 볼연지

분장의 지속력을 위해 분장하는 과정 중에 3~4회 정도 분을 바르면서 작업해야 한다. 볼 터치는 연기자의 직업과 성격에 따라 결정해야 하며 기본적으로 건강한 모습으로 표현할 때와, 화사하거나 끼 있는 눈매를 보여줄 때 더욱 더 강조하는 등 얼굴의 형태를 변형시키고 성격을 나타내는데 매우 효과적인 표현 방법이다.

여자 연극분장

남자 연극분장

2) 경극 분장

베이징[北京]에서 발전하였다 하여 경극이라고 하며, 서피(西皮) · 이황(二黃) 2가지의 곡조를 기초로 하므로 피황희(皮黃戲)라고도 한다. 14세기부터 널리 성행했던 중국 전통가극인 곤곡(崑曲)의 요소가 가미되어 만들어졌다.

경극 메이크업은 여자 역을 맡은 남성에게 여성미를 부각시켜 메이크업으로 표현한다. 흰 얼굴에 붉은 볼 화장이 경극메이크업의 가장 큰 특징이라 할 수 있다. 경극의 대표적 분장은 우희와 패왕이다. 여자역할을 하는 주역 배우의 분장이 우희이며 남자 역할을 하는 주역 배우의 분장이 패왕이다

(1) 피부

흰색의 라이닝 컬러나 흰색 파운데이션을 이용해 얼굴 전체에 펴바르고 눈두덩이 전체에 붉은 색 크림 섀도우나 라이닝 컬러로 칠해 그라데이션 시킨다. 화이트와 핑크계열을 잘 섞어 팬케이크로 마무리한다.

(2) 눈

눈썹 앞머리 부분부터 헤어라인 쪽을 향하여 곡선적인 상승형으로 그리며 눈썹모양은 양끝을 샤프하게 아쿠아컬러를 이용하여 그려준다. 원래의 눈썹이 보이지 않도록 피부표현 시 흰색으로 깨끗하게 칠한 뒤 다시 그려주어야 한다. 눈썹 선부터 볼 부분까지 붉은 라이닝컬러를 사용하여 그라데이션 시킨다. 표현을 약하게 하고 싶을 때에는 파우더로 얼굴전체를 처리한 후에 페이스 브러시를 사용하여 붉은 색 섀도우를 펴 바른다. 아이라인은 아쿠아 혹은 리퀴드 아이라이너를 사용하여 다소 두껍게 그려주고 눈 꼬리를 올려 그리고, 언더라인과 연결해 준다. 숱이 많은 속눈썹을 붙여준다.

(3) 입술

붉은 색 립스틱이나 라이닝 컬러로 작고 도톰한 입술을 연출한다. 곡선적으로 표현하되 입술산은 각이 지도록 하고 구각 끝은 약간 올려서 칠해준다.

(4) 치크

붉은 색으로 눈 주위와 볼 뼈를 연결시켜 자연스럽게 표현해 준다. 눈 위는 가장 붉게 표현하며 볼 부분까지 점차 흐려지도록 하는 그라데이션이 특히 중요하다. 코 부분의 윤곽이 표현되도록 갈색 섀도우로 터치한다.

여자 경극분장 순서

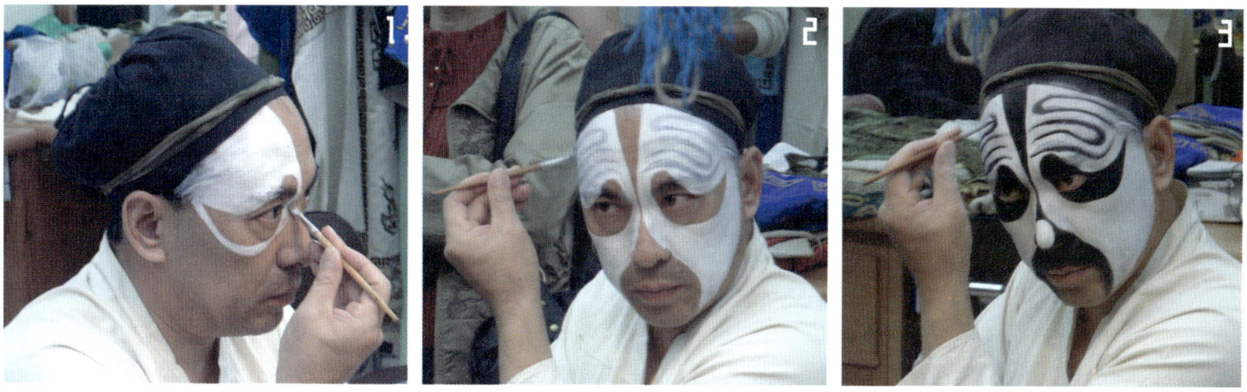

남자 경극분장 순서

경극 배우들

3) 오페라 분장

'오페라' 라는 장르는 이탈리아에서 발생하여 400여년에 이르는 오랜 역사와 전통을 자랑하는 서양의 대표적인 장르 중의 하나로 음악, 무용, 연극, 회화가 총동원된 화려하고 장대한 종합예술이다.

오페라 분장은 무엇보다도 크고 웅장한 무대 세트를 배경으로 하기 때문에 출연자들이 왜소해 보일 수 있고 평면적으로 보이므로 입체감에 치중한 메이크업을 해야 한다. 강한 하이라이트와 쉐딩을 주어 입체감을 살리고 강한 선처리를 하여 골격 구조를 살려 등장인물의 성격에 잘 맞는 분장을 한다.

(1) 피부

오페라의 분장 역할에 따라 다소 차이는 있으나 모델의 피부 톤보다 어둡고 약간의 핑크 톤을 가미해서 두께 있게 표현한다. 또한 오랫동안 조명 밑에서 움직여야 하므로 열과 땀에 강한 방수팬 케익을 바르고 파우더처리를 꼼꼼하게 해준다.

(2) 눈

성격분장으로 분장에 따라 차이는 있으나 오페라의 성격상 아이섀도우, 눈썹, 입술은 최대한 크게 그리고 그라데이션보다는 윤곽을 크고 뚜렷이 살려주는 것이 좋다. 눈썹은 긴 아치형으로 크고 진하고 샤프하게 표현한다. 붉은 색으로 눈 꼬리를 올려주어 포인트를 주고 퍼플 계열로 화려하게 표현하며, 펄제품을 사용하여 더욱 화려하게 표현한다. 아이라인은 케익 타입을 사용하여 보통 때보다 약 3mm 정도 두껍게 그려주고 언더라인은 두껍게 눈 꼬리를 올려준 다음 속눈썹은 두꺼운 것으로 붙여준다.

(3) 입술

입술 윤곽을 뚜렷하게 강조하며 립스틱 색상으로는 붉은 계열이 좋으며, 펄로 입술 중앙 부분에 하이라이트를 준다.

(4) 치크

브라운 계열이나 핑크계열을 사용하며 강하게 표현한다.

오페라 카르멘 주인공들

2. 삐에로 분장

'어릿광대(Clown)' 또는 '익살꾼(Touch Stone)'으로도 불리는 삐에로는 고대 그리스 · 로마 연극에서 등장하였으며, 16~18세기 유럽의 익살꾼, 영국 셰익스피어 연극의 어릿광대에서 그 유래를 찾을 수 있다. 현대에 와서 삐에로 분장은 인간의 희로애락의 감정과 환상적인 이미지를 다양하게 표현하고 있다.

얼굴의 베이스 컬러로는 화이트를 바탕으로 하고 블랙과 레드컬러를 기본으로 사용한다. 정형화된 이미지의 어릿광대보다는 다양한 컬러와 헤어스타일, 액세서리 등으로 개성 있게 표현하고, 의상은 원색의 비비드 컬러에 레이스나 반짝이 등을 활용한다.

삐에로 분장 방법

① 눈썹을 특수분장 재료인 왁스로 감추고 화이트 라이닝컬러로 발색력을 높여가며 꼼꼼하게 펴 바른다. 이 때 한 번 발라 발색이 잘 되지 않으면 여러 번 발라 발색을 최대한 흰색에 가깝도록 한다.
② 흰색 파우더를 퍼프에 묻혀 골고루 펴 바른다. 이 때 한 번 발라 끈적임이 심하면 여러 번 발라 끈적임을 없애준다.
③ 계획한 디자인을 참고하여 얼굴에 펜슬로 디자인한다.
④ 디자인에 따라 눈썹, 아이라인, 입에 라이닝 컬러 또는 아쿠아컬러를 바른다. 라이닝컬러를 바른 후에는 작업이 이루어지는 부분에 파우더를 소량씩 바른다.
⑤ 삐에로 성격에 따라 눈썹, 눈, 입모양 등을 결정한다.

3. 마귀할멈 분장

마귀할멈 분장은 우리나라로 보면 귀신 분장으로 생각할 수 있고, 보통 부대에서 많이 볼 수 있다. 무대극의 특성상 많은 과장이 필요하므로 얼굴의 형태를 변화시키는 일이 가장 중요하다. 그 예로 첫 번째는 라텍스를 이용해서 붙이는 방법이다. 두 가지 방법 모두 손쉽게 사용할 수 있으나, 더 중요한 것은 배우가 연기나 노래를 할 때 불편함이 없어야 한다는 점이다.

마귀할멈 방법

① 먼저 인조 코와 턱을 붙인 후 밝은 베이스를 이용하여 피부톤을 창백하게 만들어 준다.
② 눈꺼풀 및 눈썹 뼈 밑 부분에 붉은 색 유성 베이스를 이용하여 눈과 전체 이미지를 강조한다.
③ 펜슬이나 브러시를 이용하여 눈썹과 아이라인을 추켜올리듯 그려 준다.
④ 눈 밑 주름과 코 옆주름, 이마 주름, 볼 주름을 강조하듯 그려 주어 그라데이션을 해 준다.
⑤ 주름을 넣어 준 부분에 하이라이트를 주어 음영을 살린다.
⑥ 상황에 따라 분첩으로 유분기를 없앤 후 입술은 표독스럽고 괴기스럽게 그려 준다.
⑦ 섀도우를 이용하여 전체적인 느낌을 강조한다.
⑧ 검정색 후드 가운과 가발 등의 액세서리로 마귀할멈의 분위기를 연출한다.

4. 노역 분장

노역분장은 연령대에 따라 노화되는 특징과 나라, 시대, 직업, 성격, 건강, 주거 환경(도시 또는 농촌) 등 작품 배역에 따라 달리 표현되어지기 때문에 이러한 변화를 염두에 두고 배우의 기본 골격을 최대한 살려 표현하고자 하는 주름의 강약이나 살아온 환경에 따른 피부톤과 헤어의 밝기 등 그 차이를 표현해 주어야 한다.

1) 노역분장 방법(영상)

① 파운데이션은 붉은 기가 없어야 하며, 두껍지 않게 자연스럽게 발라 준다.
② 무대 노역 분장과 같은 방법으로 하이라이트와 섀이딩을 하지만, 꼼꼼하고 자연스럽게 표현한다.
③ 주름이 형성되는 부분은 처음부터 자연스럽게 그라데이션이 되도록 해 준다.
④ 이마 부분의 큰 주름을 먼저 표현하고, 나머지 잔주름들을 표현한다. 주름의 깊이를 줄 때에는 너무 그라데이션시키지 않는다.
⑤ 무대 노역 분장보다는 최대한 표가 나지 않고 자연스럽게 범위를 좁혀 하이라이트와 섀이딩을 해 준다.
⑥ 펜슬을 아주 날카롭게 해서 다시 한 번 주름을 그려 준다.
⑦ 갈색 라이닝 컬러와 갈색 펜슬을 사용하여 주름을 세심하게 눌러서 피부에 스며들도록 해 준다.
⑧ 파우더를 아주 소량 사용하여 얼굴의 유분기만 제거해 준다.
⑨ 입술 주름은 입을 오므리고 흰색을 발라 준 후 입술 자체의 주름과 연결하여 양쪽이 대칭이 되도록 그려 준다.
⑩ 흰머리와 눈썹은 칫솔에 라이닝 컬러를 묻혀 결에 따라 살살 빗어준다.

2) 노역분장 방법(무대)

① 배우의 캐릭터를 고려하여 피부톤을 선택하고, 선택한 파운데이션을 자연스럽게 발라 준다. 파운데이션의 색상은 약간의 붉은 톤이 들어간 것이 좋다.
② 이마 중앙, 볼, 관자놀이, 코 옆선, 눈 밑, 턱, 인중 부분들을 어두운 색의 라이닝컬러를 이용하여 골격 전체에 그라데이션을 한다.
③ 눈썹 뼈, 이마, 광대 뼈, 턱, 코 옆선 안쪽 등에 하이라이트를 주어 확실한 골격 표현을 한다.
④ 전체적인 골격을 만든 후 이마, 눈 밑, 코 옆주름 등 큰 주름부터 라이닝 컬러나 펜슬을 사용하여 주름을 그려 준다.
⑤ 배우(모델)가 가지고 있는 기존 주름위에 주름을 그리면 어색하지 않게 주름을 표현할 수 있다.
⑥ 파우더는 분첩에 남아 있는 소량만을 사용하여 모델의 피부 상태에 따라 여러 번 발라 준다.

⑦ 입술 주름은 입을 오므리고 흰색을 발라 준 후 입술 자체의 주름과 연결하여 양쪽이 대칭이 되도록 그려 준다.
⑧ 흰 분은 하이라이트 위주로, 어두운 분은 섀도우 위주로 발라 준다.
⑨ 검버섯을 표현할 때는 관자놀이 부분을 가장 진하게 그리고, 간격은 너무 일정하지 않게 간격과 강약을 조절해서 그려 준다.
⑩ 흰머리는 칫솔에 밝은 색 파운데이션을 묻혀 발라주는데, 머리 청결 상태와 직모인지 곱슬인지, 염색 여부에 따라서 파운데이션의 색상이 달라 질 수 있다.
⑪ 칫솔에 적당한 양의 파운데이션이 묻어 있어야 하고, 머리 뿌리에서 아래로 부드럽게 빼주면서 발라 준다. 눈썹은 역방향으로 칠해준다.

5. 상처 분장

분장에서의 상처표현은 단순한 사전적 의미에서 탈피하여 상상력과 창조력을 발휘해야만 그 정의를 내릴 수 있다. 인간이 일생을 살아가면서 생겨나는 모든 상처들이란 자연재해로 인하여 생겨나는 상처, 전쟁 살상무기들에 의한 상처, 동물 등에 의한 상처, 인간과 인간의 갈등으로 빚어진 싸움의 상처, 일하는 현장에서의 상처 등 수 많은 종류의 상처가 생겨난다. 이러한 상처들을 분장으로 표현하려면 그 상처가 자의에 의한 것인지, 타의에 의한 것인지 혹은 과거에서 현재까지 어느 시점에서 상처가 이루어졌느냐 하는 점을 충분히 인지해야 하며 그 표현에 쓰여질 재료의 분석이 우선되어야 한다.

기본적인 상처분장

① 기본베이스를 바른 다음 눈두덩이, 눈 꼬리, 입 주위를 파란색으로 자연스럽게 펴 바른다.
② 파란색 위에 갈색과 빨강색을 두들겨 주듯이 바르면 멍 자국이 되며 가장자리엔 노랑색으로 해줄 수도 있다.
③ 왼쪽 눈과 광대뼈위에 더마왁스로 기본적으로 부어 오른 듯한 느낌이 되도록 더마왁스를 붙여준다.
④ 눈두덩이 부분에 붙인 왁스 위에 위에서 했던 것처럼 멍 자국을 표현한다.
⑤ 광대뼈 부분의 왁스를 붙인 곳에 터진듯한 느낌이 나도록 갈라준다.
⑥ 갈라진 틈 사이에 빨강과 갈색, 검정색 라이닝컬러를 이용해 터진듯한 느낌을 표현해 준다.
⑦ 그 위에 인조피를 바른다.

TWINS
SPECIAL

6. 저승사자 분장

옛날부터 전해오는 전설 등에 등장하는 인물로, 이야기의 내용에 따라 선한 저승사자와 악한 저승사자로 구분할 수 있다. 각각의 내용에 따라 이미지에 맞게 표현해야 하고, 연령은 일반적으로 중년(30대 중반~40대 초반)으로 표현한다. 또한 검정 도포를 입히고 갓을 씌워 이미지를 강조한다.

저승사자 분장

① 밝은 색상의 파운데이션을 얼굴과 목 전체에 고르게 펴 바른다.
② 진한 갈색 라이닝컬러로 입체감을 준다.
③ 붓으로 좌우 균형 있게 코를 세운다. 약간 좁은 듯 날카롭게 세운다.
④ 입체적인 눈이 되도록 눈꺼풀 부분에 펴 바른다.
⑤ 눈 밑 주름은 원래의 주름을 따라 선을 그은 다음 펴준다.
⑥ 코 옆 주름은 원래의 주름을 따라 선을 그은 다음 고르게 펴 준다. 이 때 윤곽을 날카롭고 뚜렷이 나타낸다.
⑦ 인중은 어느 정도 윤곽을 잡아준다.
⑧ 뺨은 양 볼 부분(광대뼈 밑 부분)에 입체감이 생기도록(즉 얼굴이 좁아 보이도록) 섀도우를 준다.
⑨ 아랫입술 밑은 약간 섀도우를 주어 윤곽을 잡는다.
⑩ 하이라이트는 T-zone부위(한쪽 눈썹 위에서 다른 쪽 눈썹 위까지 및 코 부위), 눈썹 뼈, 눈 밑 주름 안, 코 옆 주름 옆, 광대뼈 등 각종 섀도우 부분 주위에 펴 발라 입체감을 더한다. 일반적으로 하이라이트는 파운데이션보다 2~3도 정도 밝은 색상을 사용한다.
⑪ 파우더는 반투명파우더를 고르게 바르고, 여분은 브러시로 털어 낸다.
⑫ 눈썹은 날카롭고 끝이 올라간 눈썹을 그린다. 이 때 각을 약간 높이 잡는다.
⑬ 아이라인은 검정색으로 날카롭고 끝이 올라간 형태로 그린다. 충혈된 효과를 표현하기 위해서는 아래 아이라인 안쪽에 붉은 색을 칠한다.
⑭ 입술은 보라색과 검정색을 섞어(검보라색), 얇고 끝이 올라간 날카로운 형태로 그린다.
⑮ 마지막으로 저승사자의 느낌을 연출하기 위해 검정 도포를 입히고 갓을 씌운다.

7. 페이스페인팅

페이스페인팅은 과거에 유해한 환경으로부터 인간의 생명을 보호하거나 종교적인 의미로 혹은 이성을 유혹하거나 신분과 계급을 나타내는 수단으로 사용되었다. 그러나 현대에는 기업이나 단체의 홍보, 소비자나 관객의 이목을 끌어 광고 효과를 높이기 위한 행사에 이용되고 있다. 우리나라에서는 '2002년 한 · 일 월드컵'이 개최되면서 페이스페인팅이 국민적인 관심을 끌기도 하였다.

페인팅 작업에는 장소와 컨셉트, 전문가와 비전문가, 프로그램의 성격에 따라서 많은 차이를 보인다. 페인팅에 쓰이는 제품 또한 다양화되는 추세로, 컨셉트에 따라 제품의 선택도 달라질 수 있다. 아쿠아 물감은 세심한 표현과 효과적인 그라데이션이 용이해서 전문가들이 주로 사용한다. 그 밖에 작업이 수월하며 발색 효과까지 뛰어난 유성물감이나 사용이 간편한 크레용도 자주 사용된다.

페이스페인팅 하는 방법

① 얼굴이라는 점을 감안해서 너무 어두운 컨셉이나 많은 컬러의 사용은 자제하는 것이 좋다.

② 얼굴 전체에 하는 경우도 있고, 얼굴 중 특정 부위에 하는 경우도 있다. 특정 부위에 하는 경우엔 직접 그리지만 얼굴 전체에 하는 경우에는 작업에 들어가기 전에 화이트 펜슬로 밑그림을 그린다.

③ 아쿠아 물감이나 라이닝컬러, 펜슬을 사용해 그림을 그리고 좀 더 강한 표현을 원할 경우 반짝이나 펄, 형광 물감을 이용한다.

④ 작품에 사실감을 더하고자 할 때 화이트 컬러로 그림 사이사이에 음영을 주어 입체감을 살린다.

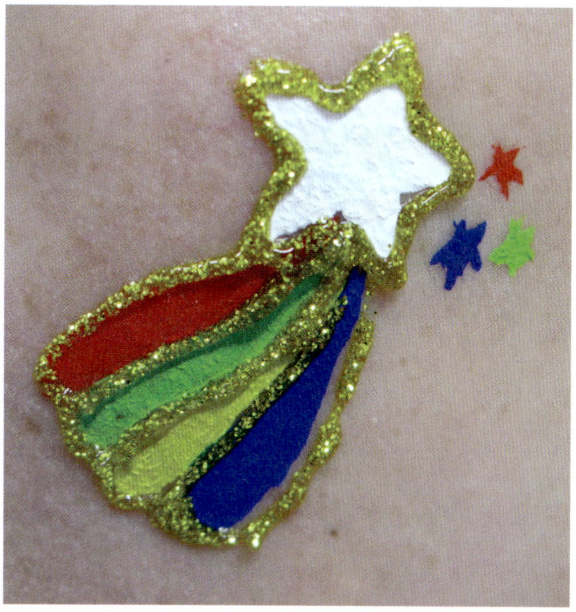

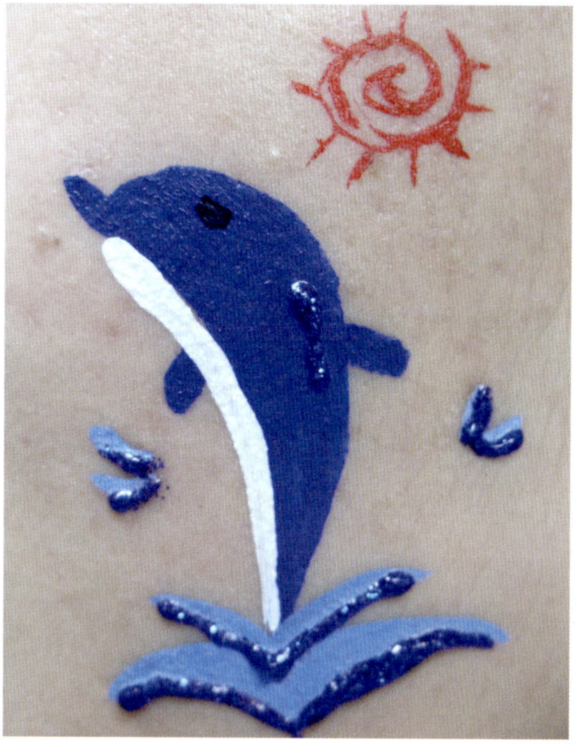

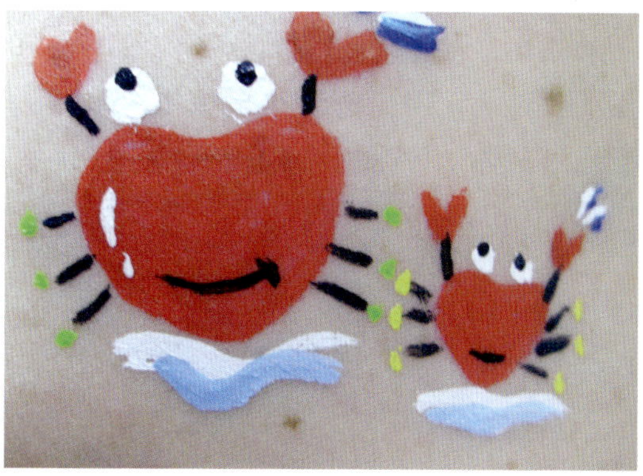

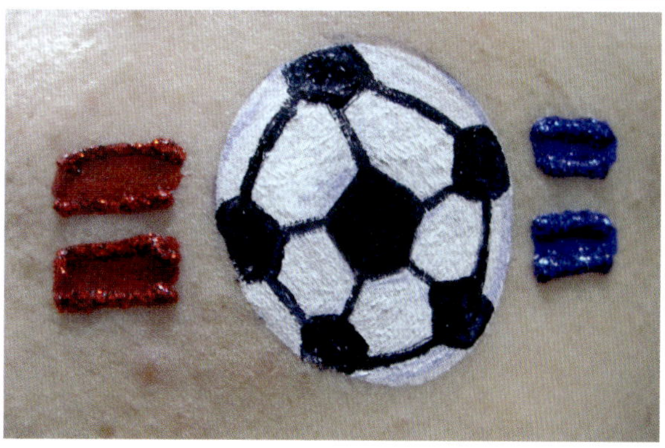

제 12 장

아트 메이크업

제 12 장
테마 메이크업

1. 아트메이크업(Art make up)

메이크업에서 표현 예술이라 할 수 있는 아트메이크업(Art make up)은 창작성과 예술성 그리고 전체 코디네이션의 완성도가 기본 구성 요소이다. 인간의 신체를 이용한 무한한 표현은 완성된 작품의 하나로써 무언의 메시지를 전할 수 있는 예술의 한 장르라 할 수 있다.

다양한 문양이나 추상적 기법, 사실적 묘사, 직물의 문양이나 의상 등으로 표현하므로 많은 시간과 노력이 필요하다. 또한 헤어, 의상, 액세서리와 같은 소품의 사용은 아티스트의 독창적인 아이디어와 영감을 돋보이게 하는 중요한 부분이다.

다시 말해서 아트 메이크업은 이미지를 형상화하는 조형예술의 한 분야로써 메이크업 아티스트의 작품의도에 따른 표현에 있어서 어떠한 제한도 받지 않으며, 다양한 도구와 재료를 이용하여 인체를 새로운 형태로 재구성하여 표현하는 것이다.

아트메이크업은 서양 문화에서 주로 행해지는 가면 무도회, 파티, 민속 축제 등에서 다양한 형태로 오래 전부터 사용되어 왔으며, 지금은 기업의 홍보 마케팅에서부터 각종 방송 이벤트 오프닝 무대 또는 스페셜 무대, 각종 전시회, 박람회 등 대중과 함께하고 있다.

유럽과 미국의 세계적인 콘테스트나 국내 콘테스트에서 아트 메이크업에 대한 관심을 읽을 수 있듯이 많은 참가자와 튀는 아이디어 또한 높은 수준으로 발전하고 있다.

2. 디자인 과정

1) 주제선정

메이크업 아티스트의 작품의도를 알 수 있다. 작품성격에 따라 시사적인 연출이나 재미와 흥미를 주기도 하고, 순수한 아름다움과 사랑의 메시지를 전달하기도 하며, 상상의 세계를 표현하거나 패션 트렌드를 반영하여 표현한다.

2) 자료수집

설정된 주제를 보다 창의적이고 효과적으로 표현하기 위해서는 좋은 자료의 수집이 우선되어야 한다. 주제와 결부된 트렌드를 조사하기 위해 패션잡지, 영상잡지, 미술화보, 전시회, 명소여행, 영화나 박물관 등에서 자료를 얻을 수 있으며, 도서관에서 역사적인 근거를 찾아볼 수 있다.

3) 아이디어 스케치

수집된 자료들을 비슷한 이미지나 컨셉별로 재분류하고 정리한다. 그런 다음 주제에 맞도록 스케치북이나 패턴지에 다양하게 아이디어 스케치를 실시한다.

한 가지 주제라도 접근하는 방법이 다양하게 전개될 수 있으므로 아이디어 스케치를 많이하여 가장 호감이 가는 방향으로 명확한 컨셉을 유도한다.

4) 컨셉 설정

이 단계에서는 주제설정을 명확히 한다. 구체적인 작품의 성격과 방향을 확실히 결정하여 알 수 있는 단계로써 구체적인 언어로 표현하고 기술하도록 한다.

※ 주제가 보다 함축적이고 실제적으로 설계되는 단계이다.

5) 디자인 스케치

주제에 다양하게 접근하여 아이디어 스케치한 것에서 구체적이고 명확한 컨셉이 정해짐에 따라 디자인 스케치를 보다 세밀하고 정확하게 한다. 전체적으로 이미지 전달이 효과적으로 이루어지고 작업의 편의성이 있는지 등을 고려하여 디자인 작업을 마무리 한다. 사용되는 색상과 재료, 모델을 어떻게 연출할 것인지 염두에 두어 표현하도록 한다.

6) 모델 선정

모델의 신체 위에 표현되는 작품이므로 모델과의 친밀도는 매우 중요한데, 오랜 시간 함께 호흡할 수 있는 인내를 필요로 하므로 모델의 신체적인 우수함도 중요하지만 모델의 작품에 대한 이해와 프로의식이 높을수록 작품을 실현하기가 더 용이하다. 작업과정에서 적절한 대화 및 휴식, 격려는 작업의 피로를 줄이는 데 큰 도움을 준다.

7) 컬러링

인체에 밑그림을 그리고 구체적인 색상표현을 하는 단계이다. 흰색 펜슬 또는 진하지 않은 연필로 밑그림을 그린다. 근육의 흐름을 따라 브러시의 터치로 선에 강약을 주어 효과적으로 표현하고 통일성 있는 이미지 전달이 이루어지도록 한다. 수성물감은 마르기 전에 그라데이션을 잘 해 주는 것이 무엇보다 중요하다. 또 색상의 배색과 조화가 효과적으로 이루어질 수 있도록 하는 것도 중요하다.

먼저 넓은 면을 칠한 다음 작은 부분을 칠하도록 한다. 색상은 연한 색을 먼저 칠하고 짙은 색을 사용하도록 한다. 물론 표면 효과와 같은 질감표현도 고려되어야 한다. 평면적인 캔버스가 아니라 입체적인 공간개념을 가지고 채색하도록 한다.

마지막 단계는 하이라이트와 섀도우를 주어 선의 흐름을 효과적으로 표현하고 입체감을 더해 주도록 한다.

8) 코디네이션

코디네이션이란 두 종류 이상의 것을 통합하고 조화시키는 것을 말한다. 아트 메이크업 디자인 표현에 있어서 인체에 색상과 질감이 효과적으로 표현되었다 할지라도 모델의 헤어스타일과 소품, 의상, 배경 등과 통일성 있게 조화시켜 완성된 메이크업이 한층 부각되도록 한다. 메이크업의 이미지와 동일한 컨셉으로 개성과 통일성을 주도록 세심하게 신경을 쓰는 것이 중요하다. 전체적인 작품을 돋보이게 하기 위하여 펄, 깃털, 망사 등 소품을 의도된 계획 아래 적절히 사용하면 큰 효과를 얻을 수 있다.

3. 아트메이크업 재료

1) 메이크업제품

아트메이크업에 쓰이는 재료 중 가장 기본이 되는 제품들로 컨셉에 따라 다소 차이가 있으나 아트메이크업 시 베이스제품으로 쓰이고 있다.

2) 수성도료

다양한 컬러가 있으며 사용 시 물과 혼합하여 사용한다. 건조 후 묻어나지 않는 장점이 있지만 피부 당김의 느낌과 인체의 움직임으로 인해 균열이 생길 수 있다는 단점이 있다. 또한 그라데이션 작업이 용이하지 못하다.

3) 유성도료

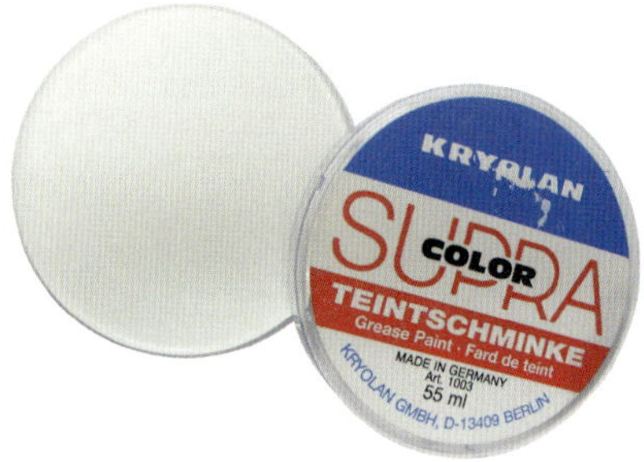

다양한 컬러가 있으며 물을 사용하지 않는다. 그라데이션 작업이 용이하고 인체의 움직임에도 균열이 생기지 않지만 건조되지 않으므로 쉽게 묻어나는 단점이 있다.

4) 기타

메이크업제품이나 도료 외에 반짝이 스티커, 아트속눈썹, 종이 등 자연 및 인공적인 어떤 재료든 부분적인 사용이 가능하다.

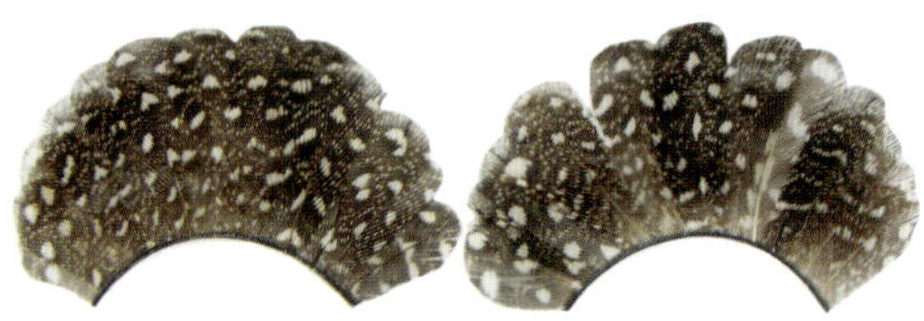

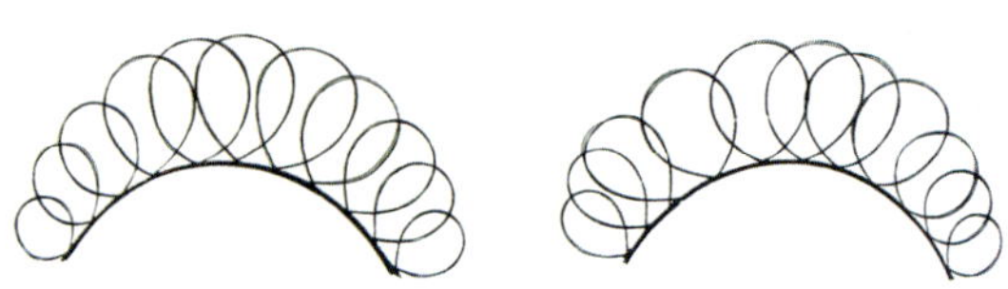

4. 아트 메이크업 디자인

1) 일러스트레이션

(1) 바다의 신비

주 제	바다의 신비
작품설명	바다의 느낌을 표현한 것으로 파도치는 이미지와 바다 속에 살아 숨 쉬는 여러 생물들을 조형요소인 색과 선으로 이미지화 시킨다.
Make up	베이스는 밝은 화이트로 표현하고 얼굴 전체에 파도의 형상을 나타내는 그림을 그리고 그라데이션 시킨다. 아이라인을 강조하고 아이섀도우는 차가운 블루로 눈 전체를 엷게 펴 바른다. 립스틱은 전체적인 느낌이 너무 차가운 느낌으로 가지 않게 붉은 계열의 색으로 표현하되 신비감을 주기 위해 광택이 나는 것으로 표현한다.
Hair	바다 속에 있는 소라의 모양을 형상화 한 스타일로 뒷 부분을 강조한 소라 모양의 업스타일. 그린 색으로 머리 전체를 표현하고 부분부분 금색으로 포인트 주고 마무리한다.
의 상	바다의 이미지답게 하늘색의 우아하면서도 하늘거리는 망사 천으로 표현. 옷의 전반적인 느낌을 사선 모양의 프릴을 이용해 파도의 형상을 강조한다. 옷의 밑 부분은 정리되지 않는 자연스러움을 강조하기 위해 손으로 뜯어서 표현
전체적 느낌	바다의 시원하면서도 웅장한 느낌을 강조한 것으로 파도의 물결치는 모습과 바다 안의 신비스러운 생명의 기운을 느낄 수 있는 작품.

바다의 신비

(2) 변화의 속삭임

주 제	변화의 속삭임
작 품 설 명	우리는 인간으로 태어나서 대자연 속에 이끌려 운명처럼 자연의 변화에 살아왔다. 그러한 거역할 수 없는 삶을 살아가야 하는 현실에서 자연으로 떠나는 인체에 면과 선을 예술적으로 표현.
Make up	베이스는 밝은 화이트로 표현하고 눈썹을 차가운 블루로 표현한다. 변화의 느낌을 강조하기 위해 언더라인을 강조하며 얼굴을 가로지르는 차가운 파란 선을 그라데이션 시킨다. 입술은 태초의 생성의 느낌으로 노랑과 빨강의 조화로 자연스러움보다 강한 느낌의 펄 제품을 사용한다.
Hair	태초의 고요함을 깨듯 뒷머리를 삼단으로 업스타일 시키고 피스를 붙여 장식한다. 머리색은 자연스러운 태초의 모습으로 갈색 톤보다 한 톤 정도 밝은 브라운으로 포인트를 준다.
의 상	모든 변화는 자연으로부터 나오는 자연의 이치에 따라 그린 색의 화려함보다는 단정하면서도 우아한 멋을 느낄 수 있는 천을 이용해 신비스러운 이미지 연출.
전체적 느낌	태초의 아름다운 초자연의 여인으로 탄생하는 느낌으로 자연의 변화와 그 속에서 살아가는 인간만물의 변화를 생동감 있게 표현하는 것이 포인트.

변화의 속삭임

2) 일러스트레이션의 시연

5. 아트메이크업 참고작품

제 13 장

바디페인팅

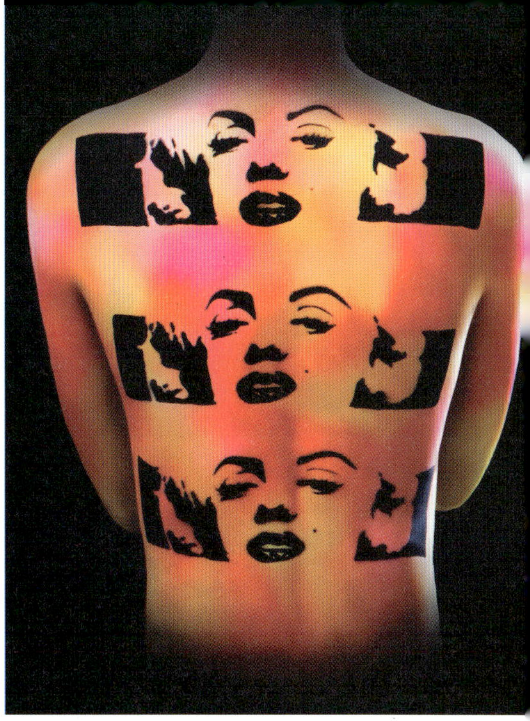

제13장 바디페인팅

1. 바디페인팅

바디페인팅(Body painting)은 인체에 표현하는 '환타지 메이크업의 종합 예술'로 메이크업 아티스트의 창의적이고 독창적인 작품세계를 극대화시킬 수 있는 예술분야이다.

바디페인팅은 신체에 행해지는 메이크업으로 예술, 창작성, 색, 표현 주제에 구속받지 않고 전체적인 이미지를 중요시한다. 종이 위에 그리는 일반적인 미술 작품과는 달리 몸(입체적인 대상)위에 그림을 그리기 때문에 기본적으로 신체 구조를 먼저 파악하는 것이 중요하다.

일반적으로 화폭에 그리는 평면적인 그림과는 달리 곡선과 면, 골격 등으로 이루어진 입체적인 인간의 육체에 그림을 그리기 때문에 기본적으로 신체의 해부학적인 면이나 골격구조, 피부의 특성 등을 먼저 파악한 뒤 입체적인 형태와 구조에 따라 디자인을 하고 아름다움을 최대한 살려 자신의 작품세계를 표현하는 것이 중요하다.

즉 바디페인팅은 시각적으로 표현할 수 있는 도구와 재료를 이용하여 인간의 몸을 이미지화 또는 형상화시켜 재구성하는 것으로 모델과 관중, 작가가 함께 어우러진 종합예술이라 할 수 있다.

또한 분장 예술의 한 장르로 다양한 주제와 여러 가지 기법, 독특한 연출을 할 수 있어 다른 문화 예술과 접목이 가능하다. 예를 든다면 단순히 정적인 작품에서 그치는 것이 아니라 인체를 활용한 동적인 공연문화 예술로써 메이크업은 물론 의상, 소품, 무대연출, 조명, 안무, 음향이 하나로 이루어져 인체의 움직임과 그에 따른 특수 효과 등으로 신비롭고 환타스틱한 무대공연으로 이어 질 수 있다.

또한 인체를 하나의 조형물로 간주하고 조형디자인의 원리를 이용하여 시술된 바디페인팅은 예술의 한 장르로 자리매김하고 있다. 또한 바디페인팅만이 지니는 독특한 특징을 부각시켜 패션쇼, TV광고, 기업홍보 등의 분야에서도 활용되고 있다.

2. 바디페인팅 기법

1) 회화적 기법

회화적 기법은 여러 가지 회화적 요소를 이용한 바디페인팅의 기법으로써 바디페인팅의 표현 기법들 중 가장 많이 사용되는 기법이다. 자연물을 주제로 묘사하거나 표현하고자 하는 주제를 형상화시켜서 비교적 보는 이로 하여금 대상을 쉽게 이해할 수 있게 한다. 이 표현기법은 메시지 전달이 가장 용이하다.

대표적인 예로 꽃, 동물, 바다 속, 우주공간, 태양, 인물 등 다양하며 회화적인 기법 또한 사실묘사, 관념적 묘사, 약화 등 바디페인팅 아티스트의 의도나 역량에 따라 다양해진다. 색상의 사용도 자유로워서 모든 색상들을 다양하게 쓸 수 있다. 하지만 표현하는 사람의 색채 감각이나 개인적인 취향 또는 주제에 따라 많은 차이가 나타나기 마련이다. 회화적 표현기법의 바디페인팅은 회화적 요소에 충실하게 작업하여 일반 회화작품과 유사한 느낌을 주기도 한다. 또한 바디페인팅 작업에서는 똑같은 주제라도 회화적 기법이 아니라 에어브러시 기법이나 프로젝트 일루미네이션 기법 등 기법에 변화를 주면 전혀 다른 새로운 표현 방식이 된다.

2) 그래픽적 표현 기법

그래픽 표현기법은 나타나는 형상의 대상을 알 수 없는 추상적인 모티브를 주제로 한다. 선의 나열, 흑과 백의 조화, 큐빅체들 그리고 여러 가지 물건들로 찍는 행위 등이 있으며, 색의 배열 또한 규칙적이거나 불규칙적으로 사용하여 표현하고자 하는 이미지를 나타낼 수 있다.

물감을 인체에 흩뿌리거나 물감 위를 뒹구는 행위 등의 즉흥적인 페인팅도 이 부분에 해당되며 조금 더 적극적인 예술적 행위로 간주되어 행위 예술의 수단으로 자주 이용된다.

3) 에어브러시 기법

보통 공업용 도색 기계인 콤프레샤로 물감을 일정한 압력으로 밀어내고 건을 통해 원하는 부분에 채색할 수 있는 특징을 갖고 있다. 최근 바디페인팅 작업 시 에어브러시의 사용이 급속도로 많아지고 있는데, 이는 작업 시간을 줄일 수 있다는 장점과 함께 손으로 직접 칠하는 것보다 정교한 그라데이션을 할 수 있다는데 그 이유가 있다. 또한 원하는 모양의 관을 몸에 대고 에어브러시로 그 주위를 뿌려주면, 스텐실 효과도 얻을 수 있다.

에어브러시를 이용한 바디페인팅은 인체용 건과 에어브러시 물감을 사용해야만 인체에 무리를 주지 않고 작업할 수 있다.

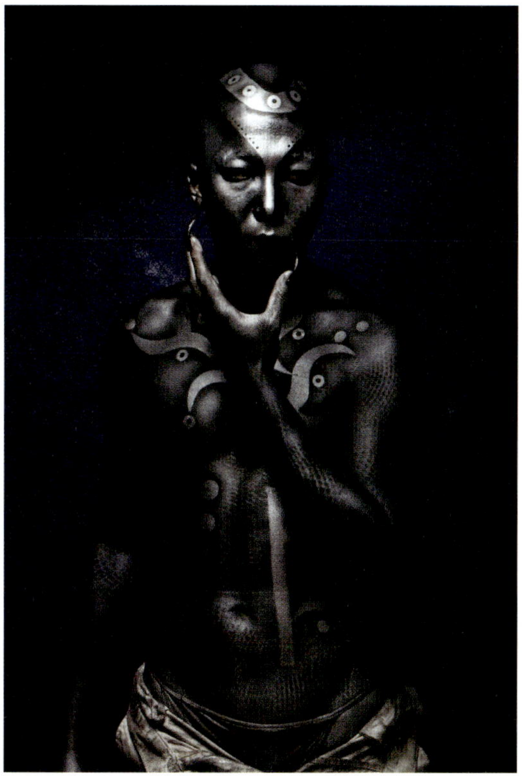

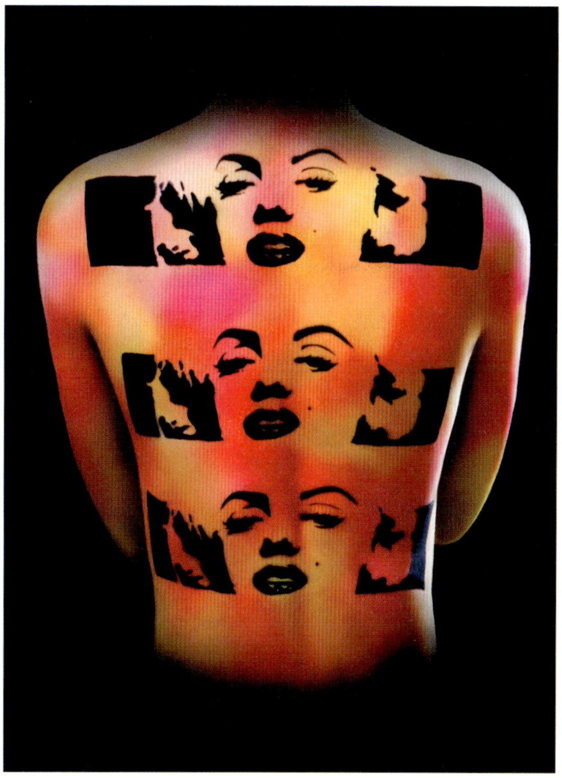

4) 오브제 활용 기법

미술작품에서도 물감 외에도 다양한 재료를 사용해 표현하거나 설치를 통해 작업을 하듯, 인체에 해가되지 않는 모든 재료들은 바디페인팅의 재료로 사용될 수 있다. 또한 주변의 조형물들을 이용해 인체와 하나의 작품으로 활용하는 경향도 많다.

그 밖에 마스크나 특수 볼드 캡을 활용해 인체를 과장하거나 왜곡시켜 표현하기도 하고 신체의 특정 부위를 뚫어 의료용 스테인레스나 플라스틱 장식을 밀어 넣는 피어싱도 있다. 귀걸이 같은 것이 피어싱의 일부이다. 마스크, 특수 볼드 캡을 이용한 기법은 마스크의 제작 과정이 복잡하고 숙련된 기술을 필요로 한다. 마스크를 착용한 환타지 메이크업이나 바디페인팅은 마스크의 제작 기간이 많이 걸리므로 충분한 시간을 두고 작품 준비를 해야 한다.

5) 트롱프뢰유(Trompe-l'oeil) 기법

트롱프뢰유(Trompe-I' oeil)란 프랑스어로 눈속임이란 의미로 세밀한 묘사를 실물로 보는 듯한 착각 또는 착시와 같은 뜻으로 사용된다. 보는 이에게 실물이 있든 없든 그 곳에 있는 것처럼 그린 정물화를 일컬으며, 넓은 의미로는 착각 기법 또는 착시와 같은 뜻으로 사용되기도 한다.

이는 눈이라는 허점 많은 감각기관을 통해 머릿속에 그려지는 환영을 표현하는 그림을 뜻하며, 처음의 시각적 개념인 2차원의 평면에 3차원의 이미지를 표현하는 회화적 개념으로까지 확대되어 다양한 장르에서 표현되어 지고 있다.

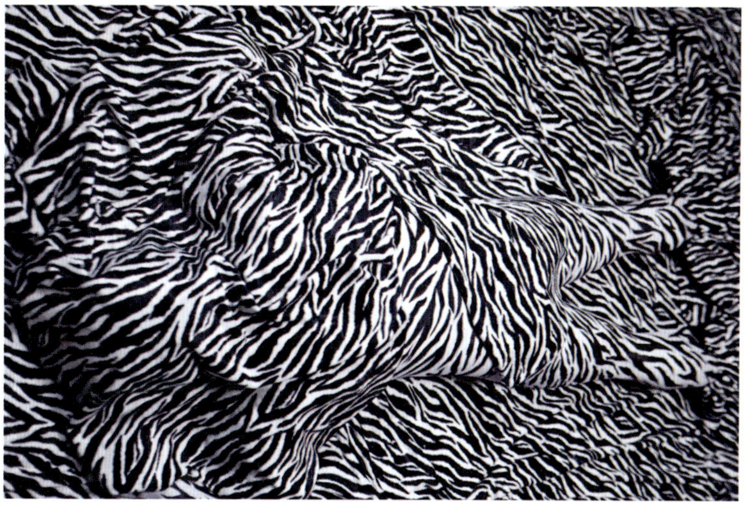

3. 바디페인팅 작업순서

1) 주제 설정

최근 바디페인팅은 다양한 이벤트나 공연에 많이 활용되므로 행사 주최 측의 공통된 테마에 부합하는 주제가 선정되어야 한다. 작품 주제는 시각적으로 받아들이는 동·식물이 될 수도 있고, 관념, 사상, 상상과 같은 비시각적 주제가 될 수도 있다. 또, 사랑, 행복, 분노 등의 감정, 환경오염, 인간성 상실 등 사회적인 무제 등 다양하다.

2) 자료 수집과 모델 선정

표현하고자 하는 주제가 설정이 되면 주제와 관련된 사진 자료나 비디오, 인터넷상의 이미지 등 다양한 자료를 수집하고 작품의 특성에 맞도록 모델을 선택한다.

3) 디자인 구상 및 소품

선정한 모델의 특징을 파악한 후 작품의 디자인과 컬러링을 하고 바디작품에 어울리는 소품도 디자인한다. 신체적인 약점이나 작품의 특징을 효과적으로 표현할 수 있고, 바디페인팅과 일치되는 소재나 연결성 있는 재료를 활용하여 완성한다.

4) 바디페인팅하기

① 디자인 차트를 보며 모델의 신체에 밑그림을 그린다.
② 선정해 놓은 재료를 이용해 컬러를 넣거나 질감을 표현한다. 넓은 부위를 우선적으로 시작하고, 전체적인 이미지를 먼저 만들어 준다.
③ 색상과 색상의 경계선에 검정 색상과 화이트 색상을 사용하여 볼륨감과 리얼한 느낌을 더한다.
④ 세밀한 부분과 수정할 부분을 보완하여 전체 바디 페인팅을 완성한다.
⑤ 얼굴 부분을 마무리 한다.
⑥ 제작된 소품으로 작품의 완성도를 높인다.

※ 작품의 성격이나 아티스트의 의도에 따라 작업의 순서나 형태는 매우 다양하게 진행될 수 있다.

5) 바디페인팅 작품 연출의 구성 요소

완성된 바디페인팅 작품은 행사의 특징에 따라 야외 내지 실내에서 퍼포먼스의 형식으로 연출되는 경우가 많다. 그러한 경우에는 작품의 효과적인 연출과 음악, 안무, 율동, 조명, 소품, 특수효과, 장신구 등의 활용이 매우 중요하다.

4. 재료 및 도구

1) 재 료

(1) 수성도료

다양한 컬러가 있으며 사용 시 물과 혼합하여 사용한다. 건조 후 묻어나지 않는 장점이 있지만 피부 당김의 느낌과 인체의 움직임으로 인해 균열이 생길 수 있다는 단점이 있다. 또한 그라데이션 작업이 용이하지 못하다.

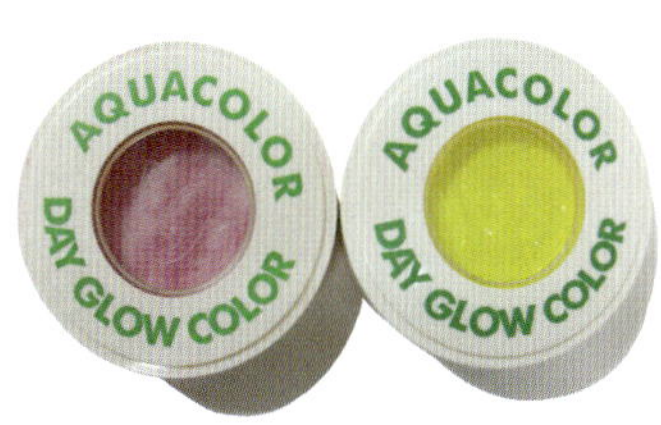

(2) 유성도료

다양한 컬러가 있으며 물을 사용하지 않는다. 그라데이션작업이 용이하고 인체의 움직임에도 균열이 생기지 않지만 건조되지 않으므로 쉽게 묻어나는 단점이 있다.

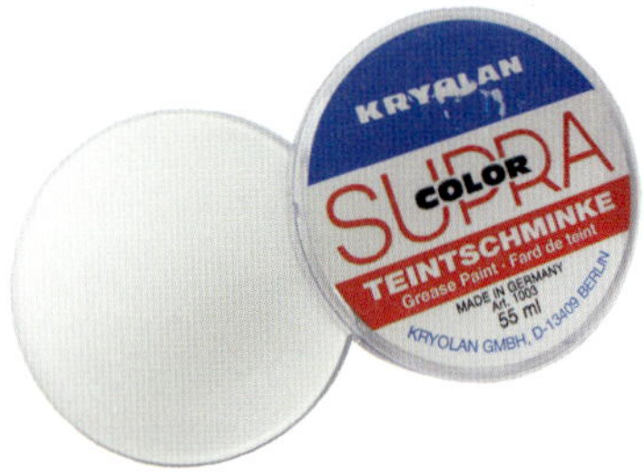

(3) 흙

흙이 가지는 질감을 나타내기 위한 페인팅으로 흙이 건조된 후 페인팅 한다.

(4) 기타

도료나 흙 외에 펄 파우더, 분말타입의 반짝이, 종이 등 자연 및 인공적인 어떤 재료든 부분적인 사용이 가능하다.

2) 도구

(1) 붓

도료 사용 시 용이하며 표현목적에 따라 다양한 사이즈의 붓을 선택한다.

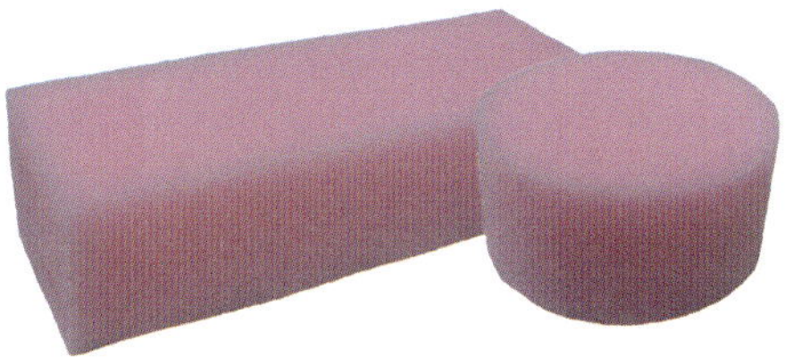

(2) 스펀지

그라데이션 작업이 용이하며 넓은 면적의 채색에 적합하다.

(3) 에어브러시

공기의 방사를 이용한 도구로써 피부에 물감을 찍고 에어브러시를 이용하여 공기를 방사하여 사용한다. 음영 및 사실적 표현이 가능하다.

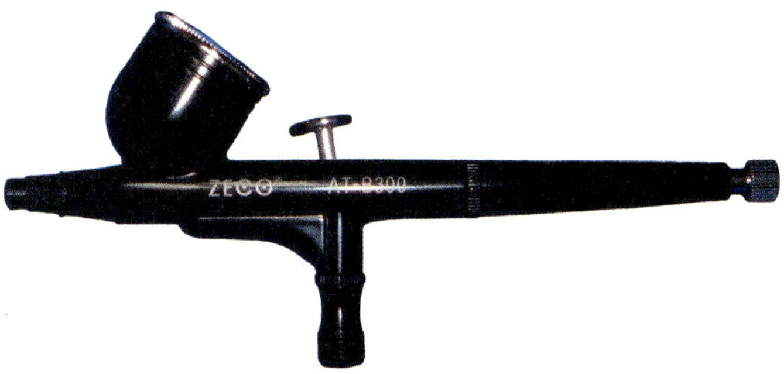

에어브러시 건

콤프레샤

스프레이 사용방법

1. 적당히 농도가 맞춰진 도료를 도료 컵에 채운다.
2. 편한 자세로 에어브러시 건를 손에 쥔다.
3. 방아쇠를 아래로 눌러 에어를 주입시키고 천천히 뒤로 레버를 당겨 도료를 분사시킨다.
4. 스프레이 분사 패턴은 에어브러시와 작업물간 거리에 따라 변화를 가질 수 있다.
5. 가는 선 작업을 위해서는 니들캡을 뺀 상태에서 에어브러시와 작업물간 거리를 가까이 한다.

에어브러시 사용 후 유지/보관방법

1. 분사 후 남은 도료를 도료 병에 옮기고 남은 도료는 분사하여 없앤다.
2. 도료가 묻은 도료 컵에 용제(물 또는 시너)를 넣어 붓으로 1차 세척한다.
3. 다시 도료 컵에 용제를 넣고 니들 캡을 손가락으로 막은 후 방아쇠를 작동하여 에어가 노즐 안으로 들어가 에어브러시 안에 남은 도료를 닦아낸다. 이 때 도료 컵 안의 용제는 에어가 역류하여 뽀글뽀글하는 현상을 보이며 이 작업을 여러 번 반복하여 남은 도료를 깨끗이 닦아낸다.

5. 바디페인팅 참고작품

THE PURSUIT OF HAPPINESS!
THE PURSUIT OF HAPPINESS!
THE PURSUIT OF HAPPINESS!
THE PURSUIT OF HAPPINESS!

참고문헌

1. 강대영, 한국분장예술, 지인당, 2003
2. 권구정 외5, MAKEUP ICON, 청구문화사, 2006
3. 김경순 외3, MAKE UP Ⅱ, 청구문화사, 2000
4. 김남희, Base Make up, 예림, 2003
5. 박춘심 외1, Make up, 광문각, 2001
6. 신향선, 패션&뷰티를 위한 Color image making, 도서출판국제, 2003
7. 신향선, COLOR COMBINATION PLANNING, 디지털북스, 2009
8. 오세희, 스타일메이크업, 성안당, 2005
9. 이상봉 외1, 메이크업디자인, 청구문화사, 2004
10. 이상훈 외1, 분장의 세계, 고문사, 2000
11. 이진용 외2, MAKE UP ART, 청구문화사, 2002
12. 이혜성, Make-up Design, 현문사, 2003
13. 천지연 외 3, FACES IN MAKE UP, 청구문화사, 2001
14. 한명숙, 마뀌아쥬예술, 청구문화사, 2001
15. VOGUE GIRL, 보그걸 2009년 4월 별책부록, 두산매거진

찾아보기